基于时序动作分析和确认的技术风险管理

李明华　编著

中国宇航出版社
·北京·

图书在版编目（CIP）数据

基于时序动作分析和确认的技术风险管理/李明华
编著．－－北京：中国宇航出版社，2017.2
ISBN 978－7－5159－1279－0

Ⅰ.①基…Ⅱ.①李…Ⅲ.①飞行器－时序控制－风
险管理－研究Ⅳ.①V47

中国版本图书馆 CIP 数据核字（2017）第 035423 号

责任编辑　彭晨光　　　　**封面设计**　宇星文化

出　版
发　行　中国宇航出版社

社　址	北京市阜成路 8 号　**邮　编**　100830	**版　次**	2017 年 2 月第 1 版
	（010）60286808　　（010）68768548		2017 年 2 月第 1 次印刷
网　址	www.caphbook.com	**规　格**	787×1092
经　销	新华书店	**开　本**	1/16
发行部	（010）60286888　　（010）68371900	**印　张**	8.5
	（010）60286887　　（010）60286804（传真）	**字　数**	207 千字
零售店	读者服务部　　（010）68371105	**书　号**	ISBN 978－7－5159－1279－0
承　印	河北画中画印刷科技有限公司	**定　价**	68.00 元

本书如有印装质量问题，可与发行部联系调换

前　言

　　航天工业是创新性极强的高科技行业，航天重大工程的实施和武器系统研制中都大量应用最新最先进的科学技术，体现国家的科研创新水平和工业综合实力。同时，航天工业又是高风险行业，其科研、生产和试验过程涉及易燃易爆、高温、高压、低温、剧毒、辐射等多种危险和有害因素。由于新材料、新工艺、新技术的大量应用，对一些可能导致故障和危险的因素"从技术上未吃透"，导致在科研试验和装备演训中时有事故发生。以创新能力极强、代表着美国商业航天创新奇迹的太空探索技术公司（SpaceX）为例，在取得令国际航天界瞩目的快速发展、多次成功实现火箭一子级回收的辉煌成就的同时，近年来也屡次遭受重大挫折。国内航天工业在近年来快速发展的过程中，也多次遭受重大挫折。

　　导弹武器系统和运载火箭研制生产中遇到的技术风险，与一般工业系统中的技术风险有巨大的、本质上的区别。运载火箭每一次成功的发射飞行，均须历经射前准备、点火、起飞、各子级飞行和分离、抛整流罩、星箭分离等多个飞行时段；每个飞行时段均对精度和顺序有极高要求，包含数以千计的时序指令和动作；在严密的时序指令控制下，总体、控制、动力、有效载荷、遥外测、测控、发射场等各系统的数百台单机设备、数万个元器件/组件和软件模块以毫秒乃至微秒级的时序精度精准协同工作。对于导弹武器系统而言，由于时间、空间条件更加苛刻，战场环境条件更为恶劣，使得时序动作规模更大，时序要求更精准，时序设计更为复杂，极大地加剧了武器系统研制的难度。

　　航天科技工作者的挑战正在于对这台超复杂人工系统的精密时序和动作设计，必须确保每一个时序动作都能得到精密的配合，才能保证大系统的正常有序运行。技术风险一般隐含于每一个时段、每一个时序、每一个动作的精准设计中。在航天部组件、元器件质量及可靠性水平已大幅提高的今天，由于器件失效导致的系统失效已能控制在一定的水平，设计上更大的挑战和风险来自于对每个时序动作所涉及产品、环境、配合等全要素的分析、确认和残余风险评估。这正是本书所提出的基于时序动作分析和确认的技术风险管理方法的基本出发点。

　　本书的目的不在于对传统的、一般的技术风险分析与管理技术进行介绍和罗列。时序动作分析和确认是本书的特色和贡献所在，是导弹武器系统和运载火箭技术风险分析的原创性技术成果，也是与其他技术风险管理图书和成果的最大区别。在艰难而又自豪的研制历程中，科研工作者对于如何识别、分析、评估乃至控制风险有独到的思考和见解，历经工程实践，最终提出、总结并完善了一套源自基层实践、独具中国航天特色的技术风险管理方法，本书是对中国航天原创性技术风险管理研究和实践成果的总结。

全书由李明华策划并担任主编。第 1 章由李明华、杨卓鹏、沈波、周一磊编写，第 2 章由李明华、王旭刚、周一磊、张伟等编写，第 3 章由角淑媛、程海龙编写，第 4 章由周一磊、王旭刚、翟章明编写，第 5 章由李明华、郑恒、任立明等编写。本书创作过程中，得到了中国运载火箭技术研究院、中国航天标准化与产品保证研究院等相关单位领导和技术人员的大力支持，在此一并表示感谢。

我们坚信，本书所述的技术风险识别、分析、评估和管理的理念以及技术，在未来还有更大的发展空间和更广阔的应用前景。限于编著者水平，书中难免有不到位、不准确之处，对技术方法的科学性、理论性、可扩展性的论述可能存在局限，恳请读者明鉴并提出宝贵意见。

李明华

2016 年 12 月

目　录

第1章 绪 论

1.1 背景

　　大型复杂装备（导弹武器系统、运载火箭系统等航天产品）的论证与研制是一项多学科交叉、多部门协作、多阶段耦合的创造性实践活动，论证与研制能力是一个国家军事力量、科学技术、经济实力、政治威慑力等综合国力的高度体现。《中国制造 2025》特别对航空航天装备、海洋工程装备、先进轨道交通装备等高端装备提出了"提升自主设计水平和系统集成能力"的发展目标，该目标就是对大型复杂装备论证与研制能力的高度概括与总体要求。在新一轮科技革命和产业变革的浪潮中，各大国综合国力同台竞技，大型复杂装备的战略意义愈加显著。

　　伴随着智能化、网络化、信息化的高速发展，大型复杂装备特别是导弹武器系统、运载火箭系统等航天产品逐步表现出复杂系统的发展态势，呈现出系统规模庞杂、时序动作繁杂、使用环境苛刻、创新性强、风险损失大等特点。

　　（1）系统规模庞杂

　　大型复杂装备一般由数十个系统、数以千计甚至万计的单元（元器件和部组件）组成。例如，某导弹武器系统仅飞控过程就涉及控制系统、遥测系统、外测安全系统、伺服系统、火工品系统等多个系统，火工品系统又包含小火箭、爆炸螺栓、非电导爆索、推冲器、切割索、拔销器等十余类单元，其复杂程度可见一斑。大型复杂装备所属各单元在静态结构上表现为并联、串联、共因、网络等错综复杂的耦合关系，在动态结构上表现为串行、并行、选择、控制等或强或弱的关联性。每个单元存在若干个可能运行的状态，导致装备整体运行状态数目巨大。总体而言，大型复杂装备在系统规模方面表现出组成复杂、结构复杂、状态复杂的特点。一般认为，系统的可靠性取决于各单元的可靠性，系统越复杂，其可靠性保证难度越大。

　　（2）时序动作繁杂

　　大型复杂装备特别是导弹武器系统的每个飞行时段均对时间精度和动作时序有极高要求，仅点火时序就涉及时间延迟判据、视加速度判据、压力判据、高度判据、机械动作触发等与时间和动作密切相关的判据形式。在整个任务剖面过程中，装备系统严格的指令时序控制、各单元毫秒乃至微秒级的动作协同响应，使其表现出极为显著的时序动作复杂特征。

　　（3）使用环境苛刻

　　不同于传统装备的温和使用环境和简单的任务剖面，运载火箭等航天产品存在射前准备、点火、起飞、各子级飞行和分离、抛整流罩等多个飞行时段，某类导弹武器系统还存在水面分离、大气层飞出与再入等独特时段，这些时段过程中的自然环境因素和诱导环境因素耦合作用。高温、低温、相对湿度、太阳辐射等自然环境因素，振动、冲击、倾斜、摇摆等诱导环境因素，对导弹武器系统苛刻的风险分析、全面的风险确认提出了严酷要求。

（4）创新性强

大型复杂装备是一个多学科、高技术的融合体，其论证与研制过程涉及力学、机械工程、仪器科学与技术、材料科学与工程、控制科学与工程、化学工程与技术等多个专业，存在新环境、新技术、新工艺、新材料、新状态等多种未知领域，以及与此相关的全新贮存、测试、发射和飞行环境的飞行验证，各专业技术集成应用，创新点多、探索性强、难度大，尤其体现在产品设计、制造、材料选用、试验等技术风险方面。

（5）风险损失大

经费方面，大型复杂装备的论证与研制是一项规模庞大的系统工程，需要投入大量的资金，少则数亿元，多则几十亿元，甚至上百亿元。按照一般规律，投资规模越大，投资者承担的风险就越大。对投资规模较大的投资者，还将面临着通货膨胀率、贷款利息率以及航天市场供求关系等变化所带来的各种风险。研制周期方面，从装备立项到定型并投入使用，要经历论证、方案、研制、设计定型、生产定型等多个阶段，这一过程长达几年、甚至十几年的时间。在长期的研制过程中，市场供求的变化、技术的进步、国际政治经济形势的变化都是难以预测的，一旦这些因素发生变化，就会造成前期投入的风险损失。此外，导弹武器系统、运载火箭系统等装备系统的突出特点体现为成败型。这就决定了一旦发射或运行中出现故障，即使是一个细小的问题，如短路、虚焊、元器件失效、多余物等，都可能造成一次任务的完全失败，从而带来巨大的损失。

大型复杂装备的上述特点决定了其论证与研制过程中存在各类风险，涉及技术风险（设计风险、生产风险、关键技术风险）、管理风险（计划风险、组织管理风险、控制风险）、外部环境风险（政治风险、军事风险、外交风险）等内容，各类风险互相关联和互相影响。从装备研制的核心三要素（性能、费用、进度）三者的相互作用和关系来看，研制中最根本的风险是技术风险。同时，技术风险在整个导弹武器系统研制过程中贯穿始终，在论证与研制的全寿命周期内影响最大。本书研究对象主要聚焦于技术风险。为有效识别与防控导弹武器系统研制过程中的技术风险，有必要开展全系统、全过程、全要素、全特性的导弹武器系统技术风险管理。

综上所述，大型复杂装备在其论证与研制阶段，随着技术层次逐级提升、构造体系日趋复杂、跨领域技术方法不断综合，潜在技术风险在逐步积累，确保任务"一次成功"的难度也越来越大。因此，围绕导弹武器系统的核心特征，准确把握时序动作的各环节与各影响因素，有效控制和防范各类风险，确保导弹武器系统的任务成功率，具有重要的现实意义。

纵观国内外大型复杂装备特别是导弹武器系统遭受的多次重大失利，究其原因，很大一部分是由于在型号研制的指标要求传递过程中，总体各专业、各分系统、子系统和单机研制单位只重点关注自身上下游专业的输入输出要求和结果，缺乏一种从上到下、飞行全过程设计及实现情况的分析和确认方法，使得产品设计实现过程中出现设计指标不闭环、动作不匹配、影响分析不全面等质量隐患，更深层次的原因则是技术风险管理不彻底、不深入、不到位。我国导弹武器系统研制队伍一次次在失败中学习，在过程中成长，不断探索有效、适用的技术风险管理方法。从"昨夜西风凋碧树，独上高楼，望尽天涯路"至"衣带渐宽终不悔，为伊消得人憔悴"，直至"众里寻他千百度，蓦然回首，那人却在灯火阑珊处"，系统研制队伍最终创新提出一套适用于复杂系统的基于时序动作分析和确认的技术风险管理方法。本书就是对该方法的总结、提炼和推广应用。

1.2　基于时序动作分析和确认的技术风险管理方法形成过程

1.2.1　技术风险管理发展历程

纵观国外先进大型复杂装备的发展历程，其大型复杂装备的发展史，恰是技术风险管理的成长史。

德国早在第一次世界大战结束后重建时，就提出了包括技术风险管理在内的风险管理。德国实践强调技术风险的控制、分散、补偿、转嫁、防止、回避和抵消等。如德国法律要求所有公司在其产品技术属性与人素要求存在风险时，必须提交《绝对安全报告》，并且该报告应至少每 5 年更新一次。

法国和其他一些欧洲国家直到 20 世纪 70 年代中期才接受风险管理的概念，但自接受伊始，就高度重视技术风险管理的重要性。如法国达索公司作为法国空军战斗机的主要供应商，其新机研制中重要的一条就是及时地把任何一点的技术风险降低到最低程度。

20 世纪 70 年代初，英国在 RB211 发动机因复合材料风扇叶片技术不过关而导致英国罗尔斯·罗伊斯公司破产后痛定思痛，将技术风险管理置于非常重要的位置。英国有关部门发布了《英国风险可容忍度文档》，该文档试图应用"最小合理性（原则）"，从技术风险的可容忍度角度探讨技术风险管理。

俄罗斯在技术风险管理上具有一贯的保守性，但非常重视应用综合集成技术以降低技术风险，其中最突出的莫过于新型战斗机研制。俄罗斯在新战斗机设计中尽量运用一切力所能及的技术，针对"对手"的特点，采取一切相应措施，突出重点，以达到制服"对手"的目的。技术不到位，宁可放弃某些性能，也不轻易冒风险。如俄罗斯的 Su - 27 战斗机具有超视距和多目标攻击能力，同时也具有良好的近距格斗能力，是一种具有优良作战性能的战斗机，但它的一些设备（尤其是电子设备）并不先进，而是通过独具匠心的系统设计与综合集成，扬长避短、以巧补拙，使之能与 F15 和 F16 等第三代战斗机相抗衡。

欧洲空间局（ESA）对技术风险的深切认识源于美国挑战者号航天飞机爆炸的灾难带来的强烈震撼，这一灾难同时也迫使 ESA 开始引进和开发现代技术风险管理技术。随后，阿里安-5 的首次飞行失败才真正令 ESA 有了切肤之痛。1997 年的一份调查报告最终揭示，那次事故的原因源于软件技术风险和综合集成中技术对环境不适应的风险。随着航天项目复杂性的增加，ESA 越来越意识到对大型航天项目进行技术风险管理的必要性。为了加强对空间系统及相关设备的技术风险管理，ESA 在 20 世纪 80 年代后期就制定了风险评估标准 PSS - 01 - 401，该标准确定了 ESA 进行技术风险管理的目标是：1）估计技术风险事件后果的累计概率；2）通过渐进技术风险评估促进设计改进；3）对技术风险分布划分等级；4）进行技术风险敏感性分析；5）确定和评价残余技术风险。ESA 开发了多目标决策支持系统来支持风险管理，并成功开发了技术风险评估专家系统。ESA 用于技术风险评价的数据源不仅包括专家经验数据、相似工程中获得的数据、从过去产品中得来的数据，更包括直接从相关试验中获得的数据。

美国各军种在装备采办实践中同样极端重视技术风险管理。如美国空军在 ATF（Advanced Technology Fighter）飞机发动机选型上，十分慎重地考虑和处理技术的先进性与技术风险之间的关系。当时，美国空军选取了两种可以竞争的候选发动机进行比较，即普惠公司的 F - 119 和通用电气公司的 F - 120，前者是常规涡扇发动机，后者则是新型变循环发动机。单就技术本身而论，变循环发动机的技术较先进，性能明显要高于前者，但结构较复杂，质量较大，可靠性和维修性不如 F - 119，更重要的是，这种发动机技术难度较大，存在较大的技术风险。最终，美国空军以此为依据选中 F - 119 发动机。又如，在 JSF（Jioint Strike Fighter）战斗机从演示验证向工程研制转阶段决策时，美国空军以其技术完备度等级未达到要求而拒绝了承制商的转阶段申请。

美国国家航空航天局（NASA）对技术风险管理方法和技术进行系统性的探索始于 1967 年 6 月 27 日阿波罗土星-204 事故，这一事故不仅导致三名美国航天员殒命，浪费了大量经费，更令 NASA 的太空探索行动失去了民众支持，使 NASA 的太空计划倒退了 18 个月。有了这一沉痛教训，NASA 开始将技术风险管理推向一个前所未有的高度，但 NASA 似乎并没有掌握技术风险管理的真谛。1986 年，"挑战者"号升空前，美国空军利用概率风险评估方法对之进行了评估，得出承担"挑战者"号发射任务的固体火箭发射失败概率为 1/35，但 NASA 管理层拒绝接受这一评估结果，并组织自己的工程师重新进行风险评估，得出失败概率仅为 1/100 000 的结论，正是这一评估结果最终导致了人类航天史上最大的灾难之一——"挑战者"号爆炸事故。此后，NASA 开始引入概率风险评估法等对包括技术风险在内的各类风险进行评估，技术风险分析方法在 NASA 内部制度化；NASA 开发出自己的技术风险决策支持系统并逐渐形成以 FMEA/CIL（Failure Mode and Effect Analysis and Critical Item List）风险分析方法为代表的技术风险管理理论体系。

我国武器装备采办技术风险管理长期处于以经验为主的状态，缺乏先进的理论指导，研究与应用仍处于起步阶段。这种落后的管理方法给我国国防科技工业造成了较大的损失。20 世纪 70 年代末、80 年代初我军开始引进项目管理理论与方法，可惜由于条件限制只选择性地引进了项目管理的基本理论、方法与程序，未能同时引入风险管理。20 世纪 80 年代中期以来，随着中国经济的不断发展，国外各种风险管理的理论不断被介绍到中国。目前，我军武器装备采办项目正逐步借鉴西方先进技术风险管理经验，实行专家和法人负责相结合的、目标管理机制下的宏观项目管理模式：在武器装备发展战略目标研究、编制立项、招标投标评审、经费评审评估、项目管理及验收等阶段均由领域专家、决策专家和管理机构成员来共同参与；目标管理机制则通过规避技术风险，同时对武器装备采办项目委托方、代理方采取有效的保障和激励措施，显现对项目技术风险的有效管理。这些理论成果与实践经验从不同角度对我军武器装备采办技术风险管理起到了促进作用。迄今，技术风险管理理论和方法在我军武器装备采办项目的管理实践中正逐渐被采用，并且在大型武器装备采办项目及项目群管理中显示出广阔的应用前景。

1.2.2 时序动作分析和确认的理论原型

时序动作分析和确认方法的最初原型源于"时间线"理论，该理论最初由 NASA 提出。运行使用时间线为定义系统技术状态、运行使用活动，以及其他按顺序的相关单元提供基础，以完成每个运行使用阶段的使命任务目标。它描述为完成每个阶段使命任务目标的活动、任务及其他按顺序相关单元。

时间线伴随设计而成熟，它开始时表现为主要事件的简单时序，成熟后展示在所有主要使命任务模式下或系统交付时的分系统运行使用详细描述。图 1-1 和图 1-2 分别描述探月飞行寿命周期早期的时间线和使命任务设计参考。

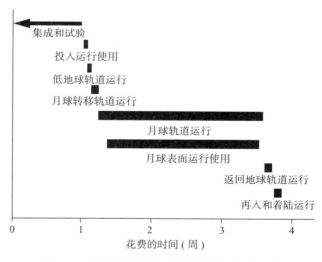

图 1-1 探月飞行寿命周期早期的时间线示例

图 1-3 所示为深空 1 号活动规划结果图，其中不同灰度方块代表不同的活动，方块的长度代表该活动执行时间。规划一旦执行，便可以将航天器的状态成功转移到期望的目标状态。

1.2.3 技术风险管理和"时间线"理论的结合

将传统的技术风险管理方法与"时间线"理论有机结合，形成基于时序动作分析和确认的技术风险管理方法。该方法遵循传统技术风险管理识别、分析、应对、监控的循环往

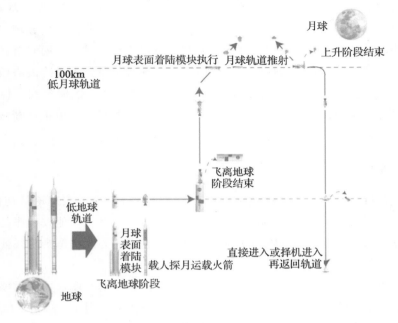

图 1-2　探月飞行寿命周期早期的使命任务设计参考示例

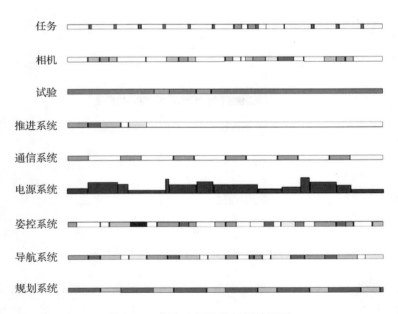

图 1-3　深空 1 号活动规划结果图

复递进过程，有效结合故障树分析、故障模式与影响分析、潜在通路分析、测试覆盖性分析、试验充分性分析等技术，并在此基础上与"时间线"理论融合，通过对任务剖面的精确再现，将"散点式"的技术风险方法与"线条式"的时间线结合，能够实现预防或减少增量风险、消除或控制存量风险，具有广阔的理论价值与应用前景。

1.3　相关概念

1.3.1　装备

传统的装备定义为：实施和保障军事行动所配备的武器、武器系统及其配套军事技术器材等的统称。本书中装备是指导弹武器系统、运载火箭系统等航天产品。

导弹武器系统是完成导弹维护，导弹发射准备、探测和瞄准目标，导弹发射和完成摧毁目标的战斗任务，以及评定导弹攻击效果等的各种设施、设备和系统构成的独立工作系统，由导弹、地面（空载、舰载或潜载）设备、探测和瞄准设备、制导系统、发射系统，以及指挥、通信、控制系统等组成。

运载火箭系统是由多级火箭组成的航天运输工具，其用途是把人造地球卫星、载人飞船、空间站、空间探测器等有效载荷送入预定轨道。运载火箭系统是在导弹的基础上发展的，一般由 2～4 级组成。每一级都包括箭体结构、推进系统和飞行控制系统。末级有仪器舱，内装制导与控制系统、遥测系统和发射场安全系统。级与级之间靠级间段连接。

1.3.2　技术风险

技术风险是指伴随着科学技术的发展、生产方式的改变而产生的威胁人们生产与生活的风险。大型复杂装备的技术风险是指在全寿命周期中，由于各种技术因素的不确定性及其影响作用的未确知性，而导致项目性能、费用、进度与项目预期发生偏离的可能性、可预测性、可控制性及后果的可转移性与可接受性的综合。

1.3.3　技术风险管理

国外学者对技术风险管理给出了不同定义。Jerry S. Rosenbloom（1972）认为，技术风险管理是处理纯粹技术风险和决定最佳管理技术的一种方法。澳大利亚标准 4360 号（AST4360）认为，技术风险管理是通过对技术风险事件概率与后果有效控制以实现目标的过程。Heuys 和 Auther（1995）认为，技术风险管理是透过对技术风险鉴定、衡量及控制，而以最少成本使技术风险所致损失达到最低程度的管理方式。Robert（2001）认为，技术风险管理是在追求技术风险正面效果最大与负面影响降至最低的同时，把不确定性减小至可接受范围的努力。大型复杂装备技术风险管理，是指通过对技术风险项目的识别、分析技术风险对大型复杂装备论证、研制或任务成败的影响，评价所采取措施的合理性、有效性、充分性，最终判定是否已将风险消除或采取所有可能采取的措施使风险降到最低，能否完成既定目标的一项活动。

1.3.4　任务成功性

任务成功性又称可信性，是指装备在任务开始时处于可用状态的情况下，在规定的任务剖面中的任一（随机）时刻，能够使用且能完成规定功能的能力。它取决于任务可靠性和任务维修性。当任务期间不能维修时，任务成功性等同于任务可靠性。

美国空军系统司令部武器系统效能工业咨询委员会于 1963 年提出可信性概念，作为计算武器系统效能的一个要素，表示武器系统完成规定任务的良好程度。20 世纪 90 年代以来，为了适应国际市场发展的需求，考虑到术语的国际通用性，国际电工委员会把可信性定义为用于描述可用性及其影响因素（可靠性、维修性、保障性）的集合术语。

1.3.5　动作

动作是指具有一定动机和目的并指向一定客体的运动系统，是基于时序动作风险识别与控制工作的最小对象单元（底层单元）。它是指在一个工程系统（产品）中，某一个单机、组件在接收到动作指令或者触发条件满足设计要求等情况下，按照客观规律必然会执行的物理、化学或者逻辑等行为。根据设计师系统的判断分析，动作可以细化到单机中某一个零件的行为，也可以将若干为同一个动作目标服务的、存在必然逻辑关系的、受外界影响小、对外界干扰小的细节动作整合成一个整体来进行分析，使得工作更加清晰、明确。

1.3.6　时序

时序是指将某种现象、某一个统计指标在不同时间上的各个数值，按时间先后顺序排列而形成的需求。在自动控制的工程系统中，时序是指某时刻发生的、具有独立功能的指令。该指令一般由产品的控制系统在采集和处理产品自身与外界信息的基础上，按照设计给定的逻辑发出，相关执行机构在接收到指令后相应产生一系列的动作，从而实现设计预定目标；也可以由产品的单机或组件直接感受某些敏感信息而触发动作执行。时序中包含了一系列信息流的传递，往往需要两个或两个以上的单机/系统参与其中进行"接力"才能完成。时序是设计意图的直接体现，时序设置和时序判据的设计就是其具体的体现形式，系统设计人员能够通过时序和判据的调整来对产品的工作特性进行必要的调整。时序可以是某一时刻同时发生的若干个"动作"的集合。

1.3.7　事件

事件是指同一时刻发生的若干个具有内在联系的时序的集合。在时序图中，通常是一条竖线（一个节点）就代表一个事件，事件相对于时序动作是一个更加宏观的概念范畴。

1.3.8　时段

时段是指某两个具有标志性的事件之间的一段时间区间，标志性事件的选取一般都对应着产品的外部环境或工作状态有了显著差别，比如潜基导弹的水下运动时段和空中飞行时段，而空中飞行时段又可划分为主动段、自由段、再入段，其中主动段又可以分为一级飞行段、二级飞行段等。由于时段的划分能够将基本相同外部环境和工作状态的时序动作整合在一起，而不同时段也相对独立，因此在基于时序动作风险识别与控制工作中，系统设计人员需要根据产品具体情况，对以各个不同时段为顶层的考察对象进行分析和研究。

时序—事件—时段的关系在常见时序图中的体现如图 1-4 所示，由于在时序图中一般不反映（也无法全部反映）具体的动作，因此图中也未体现到动作层。

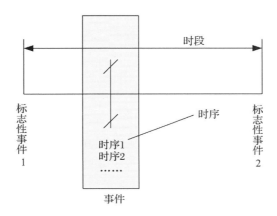

图 1-4 时序—事件—时段的关系图

1.3.9 时域

时域是指描述数学函数或物理信号对时间的关系。例如一个信号的时域波形可以表达信号随时间的变化。

1.3.10 空域

空域是指根据飞行或在轨运行的需要而划定的一定范围的空间。

1.3.11 工作环境

工作环境是指动作执行期间，执行动作的主体（零件、单机、部件等）所承受的外部环境，包括自然环境、电磁环境、力环境、热环境、水环境等。

1.3.12 输入条件

输入条件是指使动作能够得以执行所需要的、除了工作环境之外的所有前提条件。输入条件可以是由产品中其他单机或部件的输出所提供，也可以是由产品的工作状态或外部环境满足了设定的阈值所提供。输入条件可以分为判据类和接口类两大部分，判据类主要是指动作执行所需要到达的逻辑判断依据；接口类主要是指通过正确匹配的机械与电气接口使得相关信息能够准确无误地被动作执行主体所接收。

1.3.13 输出响应

输出响应是指执行动作的主体在获得输入条件后，所执行的机械与电气动作、发出的指令、产生的环境与载荷等所有物理、化学或者逻辑等行为。

1.3.14　时序动作的分析和确认

时序动作分析和确认是以时序为主线，以软硬件产品动作为研究对象，紧密结合装备工作过程进行推演，对装备技术及战术指标特性进行多方位、多阶段、多层次、多视角的分析和确认，发现潜在的技术风险，并采取措施予以消除或降低，对装备研制提供必要的决策依据。

1.4　理论基础与方法价值

大型复杂装备的论证与研制工作是一项系统工程方法，强调从需求出发，综合多种专业技术，通过分析—综合—试验的反复迭代过程，开发出一个满足使用要求、整体性能优化的系统。大型复杂装备的技术风险管理活动特别是可靠性保证工作也遵循系统工程方法，强调从需求分析入手，自顶向下开展可靠性要求分解、可靠性设计、可靠性分析，自底向上开展可靠性验证、可靠性确认，即"3R-2V"工作。其中"3R"是指严格的可靠性要求分解（R1：Requirements Decomposition）、健壮性设计（R2：Robust Design）、苛刻的可靠性分析（R3：Rigorous Analysis）；"2V"是指可靠性验证（Verification）、可靠性确认（Validation），如图1-5所示。

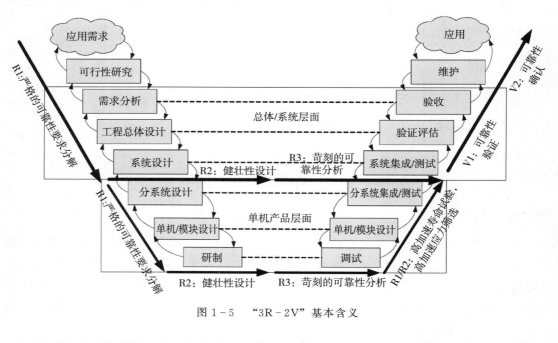

图1-5　"3R-2V"基本含义

基于时序动作分析和确认的技术风险管理本质上是一套基于系统工程理念的层级化综合分析技术，因此可借鉴大型复杂装备的技术风险管理活动，并结合自身技术特点，按照时段与事件级—指令与动作级，自顶向下开展要求分解与设计、自底向上开展要求验证与闭合，如图 1－6 所示。

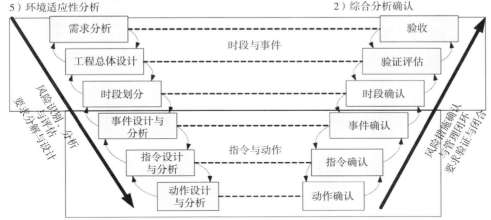

图 1－6 基于时序动作分析和确认的技术风险管理的实施活动

为分析时序动作与风险的关系，技术风险可概要表示为时序动作故障（时序指令未到达动作执行、时序指令到达后动作未执行、时序指令到达后动作执行错误等情况）发生概率及其影响函数

$$R = f(P, C) \tag{1-1}$$

式中 R ——表示某项技术风险指标；

P ——表示该时序动作故障概率或可能性等级；

C ——表示该事件产生的影响或后果等级。

其中，$P = \{a_1, a_2, \cdots, a_m\}$，$a_1$ 表示规划过程中的实例化活动，m 表示时间线上实例化活动的个数：$a_i = \{Name, Tc, St, dur, En, Res, Tl\}$。式中：Name 表示该广义活动的名称；Tc 表示该广义活动所涉及的时间约束集合；St，dur，En 表示该广义活动的时间信息，分别为开始执行时间、执行持续时间及结束执行时间，且满足 dur＝En－St。一般而言，存在 $0 \leqslant St < En < T\_max$，其中 T_max 表示装备执行任务的最迟可行时间。Res 表示该广义活动所造成的资源变化，包括资源的类型和该类型资源的变化量。Tl 表示该广义活动所属的时间线。

基于时序动作分析和确认的风险分析方法，原则上适用于任何基于时序的工程系统。但仅当系统结构、功能和技术状态比较复杂，时序动作多、技术状态快速变化而导致时域空域配合上的风险因素比较突出时，本书所述的技术风险识别与控制方法才能显示出独特的优势。其意义在于：

1）它提供了一种以时段、事件、时序、动作为逻辑顺序，细化识别系统中潜在技术风险的系统性方法。

2) 它提供了基于时序的工程系统的六类最常见的技术风险分析线索：时域风险、空域风险、技术状态差异的风险、影响域的风险、环境适应性的风险、设计裕度的风险。

3) 它提供了时序动作分析和确认的工作流程和工作表格，以及表格项目填表说明和注意事项。

4) 作为一种实用的技术风险分析工具，本方法还存在一定的局限性，例如对于故障风险和非故障风险的概率量化、对渐变风险事件链的建模等（这是 PRA 技术的长处）。因此，可以尝试针对实际工程系统的情况，综合运用"定性风险分析"与"定量风险评估"，以及"瞬变风险分析"与"渐变风险分析"等多种技术方法和手段，有效解决复杂系统动态任务过程的风险分析评估与控制难题。

1.5　本书定位和章节安排

本书是一部面向型号管理和设计人员的工程实践应用类图书。本书的编写旨在总结完善技术方法，突出工程应用特色；纳入技术风险管理体系，丰富航天系统工程管理。

编写过程遵循下述原则：

1) 以航天系统工程管理大框架下的技术风险管理为背景，系统总结某大型复杂装备飞行时序分析和动作确认方法的产生背景、技术内容和演化过程，围绕型号任务成功风险的识别和控制，丰富型号成功技术风险管理的技术方法和工程实践。

2) 系统梳理和介绍基于飞行时序分析和动作确认的技术风险管理所涉及的支撑性技术方法和工具，为各类型号开展基于飞行时序分析和动作确认的技术风险管理提供指导。

全书共分 5 章。其中第 2 章重点介绍了时序动作分析和确认方法的基本流程、流程中各工作项目，对各工作项目进行了示例介绍；对分析与确认流程中的共性和一般性原则进行了讨论。第 3 章对基于时序动作分析和确认的技术风险管理进行了论述；以标准的技术方法和规范的形式，介绍了按照本书方法和流程开展技术风险分析和管理时，所需要借助的支撑性技术方法。第 4 章为工程案例介绍，分别以战略导弹尾罩分离和运载火箭点火起飞两个关键时段为例，介绍了基于时序动作分析和确认进行技术风险识别、分析、评估与管理的整体情况、主要流程、工作项目等。第 5 章对本书所述的技术方法，从技术的先进性、未来可发展性进行了展望，另外也从工程应用的角度，对在以"精确时序动作和全系统精密配合"为鲜明特征、技术本质上蕴含高风险的类似工程系统中，推广应用本技术进行了展望和讨论。本书结构如图 1 - 7 所示。

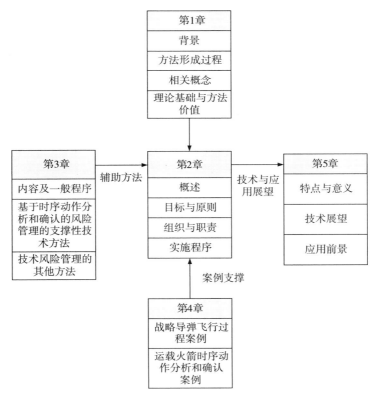

图 1－7　本书结构

第2章 时序动作分析和确认方法

本章介绍了时序动作分析和确认的具体工作流程与内容，并结合某型战略导弹给出了一些示例。

2.1 概述

时序动作分析和确认方法以装备工作过程每一个时序动作为出发点，对上下游设计要求理解的一致性、设计与实现的符合性、接口参数的协调性、环境及其影响的适应性进行全面的检查。该方法通过型号研制工作的实践验证，能够全面地梳理总体、分系统、单机各环节之间的设计边界，能够有效地进行设计闭环分析，有力支撑型号研制工作的顺利开展。

本章提出了时序动作分析和确认方法的工作目标与原则、组织职责和实施程序，并以某型战略导弹武器系统为例，给出了详细的分析和确认内容与步骤。

时序动作的分析和确认的具体载体一般是一套全系统的时序动作确认表，表格以时段为单位进行划分，对时段内的时序动作、动作的输入与环境、动作输出与响应、设计指标、设计指标分析、地面试验验证情况、飞行试验研制情况、工程与设计可靠性保障措施、相关系统环境适应性分析、设计复核复算等均逐项进行分析与填写。时序动作分析及确认表见表 2-1。

表 2-1 时序动作分析和确认表

序号	飞行时段	飞行动作或关键环节或项目	输入条件和工作环境确认	输出或响应结果	设计指标	指标实现情况（含设计余量）	可靠性设计保证措施	产生的环境及其相关设备（系统）影响分析	试验验证或仿真、计算分析结果	确认人	责任单位	签字确认
编号	填写本时序隶属的飞行时段名称	填写本时序涉及的关键动作或关键环节的项目名称	填写实现本时序需要输入的操作、流程和硬件逻辑条件	填写本时序完成后应该输出的软、硬件的动作或状态指示等	填写本时序的具体功能、性能、接口及流程要求等	对照本时序的指标设计要求，对本时序具体的实现情况、设计余量、是否满足要求等情况进行准确描述	对本时序实现过程中的软、硬件可靠性设计措施以及是否可靠满足要求的情况进行说明	对本时序实现过程及实现后所涉及的软、硬件系统状态对其他系统的影响进行分析说明	对本时序在型号研制过程中的所有的仿真、计算分析以及试验验证考核的情况进行说明	XX	XX	XX

2.2　目标与原则

2.2.1　目标

时序动作分析和确认方法是以时序为主线，综合运用多种设计分析与质量管控手段，查找设计实现过程中输入输出、接口、设计验证等全系统、全过程的技术风险，通过设计迭代进行有效防控，从而消除或降低技术风险，确保实现用户提出的产品各项要求。

该方法通常以装备时序动作为牵引，对每个动作或影响成败的关键环节的输入条件、输出结果、设计指标及满足情况、设计余量、可靠性措施、环境及相关影响、试验验证或仿真、计算等工程分析情况进行系统梳理，查找需要进一步分析和确认的问题，从而消除或降低技术上可能存在的风险和隐患，最终得出从设计要求、设计结果到飞行实现能够完整闭合的推演分析结论。

2.2.2　原则

时序动作分析和确认方法从影响域、产品域、工作域三个维度（如图 2-1 所示），综合考虑装备工作环境、产品性能特性、分析工作特征等方面提出具体原则。

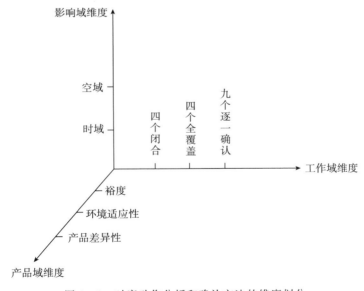

图 2-1　时序动作分析和确认方法的维度划分

（1）影响域维度相关原则

①时域风险原则

1）时序设计协调匹配。

2）时序动作指令正确发出，重要时序有备保。

3）多项环节（条件）串行指令，各环节匹配。

②空域风险原则

1）全面考虑动作的空间行为产生的影响。

2）考虑真实环境对动作地面试验天地一致性分析全面。

3）动作产生多余物（活动物）的可能性分析及对周边产品的影响。

（2）产品维度相关原则

①差异性风险原则

1）产品飞行状态、环境与地面试验状态、环境的差异性分析与确认。

2）技术状态与经飞行试验考核状态的差异性分析与确认。

②环境适应性风险原则

1）不满足环境要求的项目辨识与分析。

2）对实际飞行环境未完全认知的项目辨识与分析。

3）各时序动作可能对周围环境产生变化的项目辨识与分析。

③裕度风险原则

1）各类设计指标处于边缘状态的项目辨识与分析。

2）环境适应性处于技术指标的边缘或未完全认识的项目辨识与分析。

3）地面试验不能完全模拟飞行环境的项目辨识与分析。

（3）工作维度相关原则

①四个闭合原则

1）功能设计实现的闭合：在基本的接口设计、功能实现上实现闭合。

2）设计裕度保障的闭合：针对飞行中的关键动作，系统和单机要明确设计裕度。

3）可靠性措施的闭合：针对分析发现的薄弱环节，系统和单机要落实可靠性措施。

4）验证环节落实的闭合：针对事件、动作、过程等不同层面，总体、系统和单机均需落实验证环节。

②四个全覆盖原则

1）飞行时段全覆盖：整个工作范围涵盖了全部飞行时段。

2）飞行动作全覆盖：工作对象囊括全部火工动作和软指令动作。

3）确认项目全覆盖：确认项目涵盖设计参数的确定及验证、时序动作输入条件、要求的传递与分解、单机实现、时序动作产生的环境、环境适应性等全部环节，可对产品上下游设计要求理解的一致性，设计与实现的符合性，接口参数的协调性、环境及其影响的适应性进行全面的检查和确认。

4）工作安排全覆盖：通过各动作、各项目、各环节的分析和确认，可对产品设计—生产—验证各环节质量管控措施的有效性与全面性进行梳理，并对薄弱环节或不闭合项目针对性安排相关工作。

③"九个逐一"确认原则

1）对全时段动作逐一进行确认。

2）对火工品/软指令等动作的匹配性逐一进行确认。

3）对火工品/软指令动作执行所需的要求、输入条件、工作环境和外界环境进行逐一梳理确认。

4）对火工品/软指令等动作执行所输出的结果（响应）进行逐一确认。以某导弹整流罩分离动作为例，输出结果包括控制系统时序配电输出、火工品引爆、整流罩和弹体分离解锁、两体安全分离、分离距离达到设计要求等。

5）按照设计任务书或设计要求对火工品/软指令动作所涉及的性能指标、电气和机械接口要求等定性和定量指标进行逐一梳理确认。以某导弹整流罩分离动作为例，设计指标包括分离距离、分离姿态、分离干扰、分离时序等。

6）梳理针对火工品/软指令等动作所开展的理论分析和仿真计算情况，并开展设计分析结果和设计指标的闭合性逐一分析确认。

7）系统梳理火工品/软指令等动作所开展的测试、地面试验和飞行试验或其他验证项目考核情况，并对考核结果和设计指标的闭合性进行确认，其中针对未经全流程真实使用环境条件考核的项目要进行重点确认。

8）对火工品/软指令等动作在设计、生产、工艺采取的可靠性措施及落实情况进行逐一确认。

9）针对产品时序动作产生和涉及的自然、力、热、水、电磁等环境条件，首先复查环境条件设计的正确性，并组织各系统研发设计人员就环境适应性进行面对面交流，对单机和系统的力学环境试验条件执行情况、试验边界、试验控制和试验结果等进行逐一复查确认。

2.3　组织与职责

随着系统工程技术的发展和进步，对工程系统产品的技术风险识别与控制的探索研究也不断深化和细化。时序动作分析和确认，是将系统工程理论、工业技术、风险管理等系统集成，建立以时序动作流程为牵引、以技术为核心、以组织为保障、以基础为支撑的总体、分系统、单机自顶向下逐层分解风险辨识环节与项目，单机、分系统、总体自下而上逐层确认闭环的组织体系以及跨建制的行政和技术双线指挥的管理模式。

时序动作分析和确认是全系统、全过程、全要素的，贯穿在研制过程所有阶段、针对所有产品（硬件、软件、系统等）的连续过程，在组织过程中要注重系统策划，从工程预先研究或工程立项开始，在不同研制阶段初期系统组织开展时序动作分析和确认工作策划，并将相关工作纳入工程研制计划。

时序动作分析和确认的实施需要依托跨建制的行政和技术两条指挥线，根据工程任务要求和特点，充分运用各种技术风险管理方法，利用已积累的信息（含相关标准、规范、模型库、数据库等）和实践经验，对已确定的技术风险项目组织开展定性或定量评价并提出具体的应对措施，组织开展技术风险管理效果的评估工作，重点对残余风险和新出现的风险进行分析与确认。同时为确保风险识别与控制工作有效，还要充分发挥同行专家的技术支持和把关作用。

时序动作分析和确认需要注重对实施情况的监控。由于系统工程的组成与关联性复杂，为做好技术风险管理工作，实现技术风险管理目标，在一个阶段结束，进入下一个阶段之前，一般都对所有已确认的项目进行审查。审查内容主要包括：对时序动作分析和确认工作策划及要求的贯彻、执行情况，规定的各项工作的完成情况；技术风险项目识别的全面性；分析和确认的正确性，风险应对措施的有效性、全面性；残余风险的影响等，以此作为开展下一阶段技术风险管理工作的依据。

时序动作分析和确认的开展要以平台化的基础保障为支撑。一方面需要对以往工程研制成功经验和失败教训进行系统总结提炼并形成知识积累，建立完善的知识管理平台，利用标准规范和相关数据库对工程技术风险管理提供知识保障；另一方面还要充分发挥专业支撑机构的技术优势，为工程技术风险管理提供技术支撑；此外综合运用信息化手段，建立基于流程、面向岗位的信息化平台和应用系统，提高工程技术风险管理能力和手段。

2.4　实施程序

时序动作的分析和确认工作的实施程序一般包括以下步骤：1）策划；2）时段划分与确认动作梳理；3）动作输入与输出分析；4）设计指标与实现情况分析；5）试验与仿真验证情况分析；6）可靠性保证措施分析；7）环境适应性设计与分析；8）复核复算和专题审查情况分析；9）综合分析确认；10）迭代改进；11）总结。对应的工作流程如图 2-2 所示。

2.4.1　策划

时序动作分析和确认工作贯穿于复杂系统工程从方案论证到工程研制整个开发周期，本项工作的策划是项目研制与开发的整体策划中的关键组成部分。在项目研制的不同阶段，开展基于时序动作分析和确认的风险识别与控制工作应该有不同的侧重点和不同的颗粒度，整体是一个不断细化、不断迭代的过程。

在方案论证阶段，根据用户提出的作战使用需求，提出装备总体方案及时序设想，基于总体方案与时序设想确认和协调产品各组成部分的设计边界，辨识关键技术，策划对技术风险的试验验证项目，完成多方案的对比与优选，因此颗粒度相对要粗。

在工程研制的初期，例如方案设计和初样设计阶段，时序动作分析和确认的侧重点是设计方案的正确性、设计指标体系的完备性、关键技术验证的充分性、完成设计方案的闭合推演和关键技术的突破，因此在设计指标分析和关键技术验证方面需要进行细化与深化分析。

在工程研制的后期，例如试样研制和定型研制阶段，时序动作确认的侧重点是设计实现的正确性与裕度、系统的匹配性和可靠性、产品各项战术指标验证的充分性，完成整个

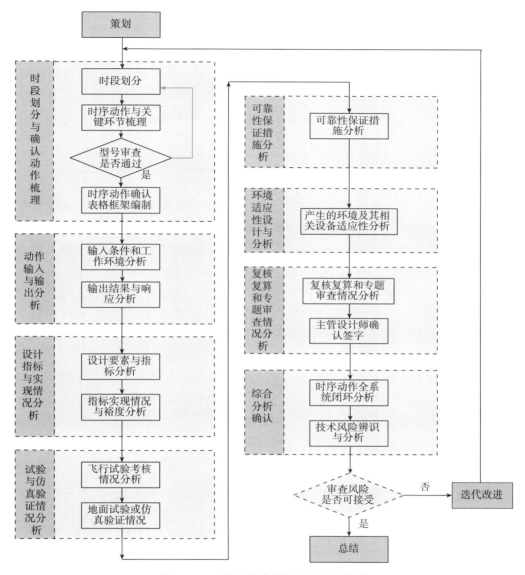

图 2-2　时序动作分析和确认实施流程

产品设计—生产—考核全要素闭合，固化产品技术状态。因此需要针对产品全寿命周期各环节全面细化开展分析与确认工作。

　　由于项目研制不同阶段，时序动作分析和确认工作具有不同的侧重点和颗粒度，因此在工作开始前，设计师系统应针对本次工作的具体需求，对确认的时段、动作、项目进行梳理和明确，同时应对全系统设计师队伍明确确认对象颗粒度、确认规范和具体要求，可根据任务的侧重点，对当次确认内容进行适应性调整，如确认环节是否包括设计、生产、测试、装配全过程，确认对象是否需要延伸至单机产品内部的部组件级、元器件等，如型号首次飞行或性能考核测试，需要更多侧重设计环节的确认，确保型号各组成系统设计指标匹配闭环；而针对定型后抽检型号，更多地侧重技术状态变化、工艺稳定性、产品实现及装配等环节。工作策划确定后，应形成编制要求由全系统共同确认。时序动作分析和确认工作需要贯穿产品研制、出厂、运输、使用全过程，研制阶段和出厂前，利用飞行时序动作确认方法，对设计的闭合情况进行全过程分析，逐一分析确认，确保设计正确、协调。武器靶场试验（使用）工作期间，进一步补充单机和系统检查测试数据，对本发产品的设计和实现情况开展进一步的分析和确认工作，确保最终试验（使用）全过程正确、匹配、协调。

2.4.2　时段划分与确认动作梳理

时段划分与确认动作梳理是时序动作分析和确认的前提和基础，是该项工作能否取得实效、能否达到预期的全面辨识风险目的的关键环节，同时也是工作的一个难点。

时序图是装备时序工作的关键信息，但是受制于表达形式和篇幅，只能够表达出控制系统发出的每一个指令，并不能全面反映这些指令的执行过程，也不能全面反映这些指令发出后各系统的动作，更不能全面反映这些动作对其他系统的影响。同时，时序图一般只有型号总体和控制系统了解，其他系统并没有参与到全弹飞行时序的设计和闭环中来，具有千丝万缕联系的各系统在设计过程中是信息的孤岛，因此很容易发生系统间不协调问题，同时也很容易出现被忽视的问题。

时序动作分析和确认正是为了解决上述问题，因此在时段划分与确认动作梳理方面需要总体设计牵头，以时序图为切入点，跟踪每一个时序的发出和动作的执行，对时序图在实际产品中的实现过程进行解构，列举出相关动作涉及的分系统与单机产品，然后以此为依据，由各系统确认本系统围绕该时序动作的输入信息流和输出信息流，开展全系统"背靠背"检查，"面对面"确认。

时段划分与确认动作梳理要遵循"一条主线、四个层面、六个要素"的工作方法。

（1）一条主线

以装备关键事件为主线。总体系统梳理全流程关键事件，以此作为时序动作确认的输入条件。

（2）四个层面

围绕主线，将分析工作界定在四个层面。

一是时段层面，时段是人为划分的时间区域，即将全弹飞行过程分为若干个时段，包括测试、点火、发射、尾罩分离、一级飞行、级间分离、头罩分离、二级飞行、头体分离等时段。

二是事件层面，事件是某一时刻同时发生的若干个"动作"的集合。即相对于某一统一的时刻，全弹各系统在此时刻需要完成的动作，如图 2-3 所示。

三是时序层面，时序是在某一时刻某系统所需要完成"指令"。该指令包含了一系列信息流的传递，往往需要两个或两个以上的系统参与其中进行"接力"，才能完成，如图 2-4 所示。

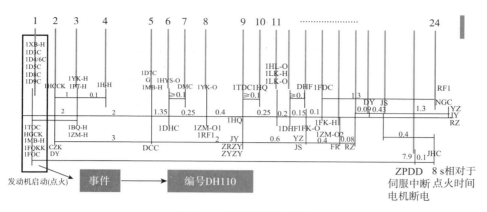

图 2-3 事件层面示意图

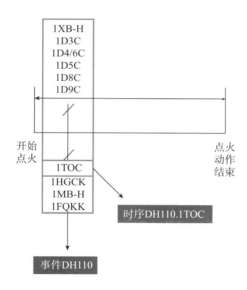

图 2-4 时序层面示意图

四是动作层面，动作是系统和单机实现动作的细节，比如继电器的动作等。动作层面考虑的是动作实现的细节和过程，如图 2-5 所示。

（3）六个要素

六个要素：时序动作分析和确认工作中主要基于如下要素开展。

1）物理要素：各系统、各单机要阐述具体动作的物理意义，即该动作在物理上的具体实现过程。

2）时间要素：时间要素要考虑时序的精度对动作实现过程的影响。

3）信息要素：围绕信息传递开展矩阵分析，量化信息流的方向。

4）动作要素：围绕每一个动作要详细阐述动作的输入、响应和输出过程。

5）硬件要素：围绕动作过程开展技术细节梳理，阐述动作实现过程所涉及的硬件。

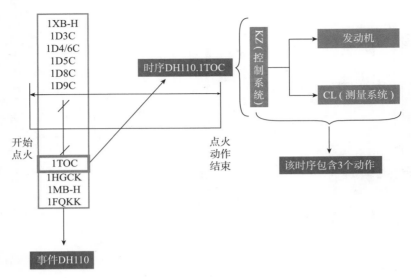

图 2 - 5　动作层面示意图

6) 环境要素：围绕各个时段的关键事件，开展力、热环境适应性分析。

示例 2 - 1　以某型导弹为例，控制系统分为弹上计算机和安全控制器两个分支，一级飞行段时段包含 10 个事件和 16 个时序，16 个时序依次为Ⅰ级发动机点火、判不点火自毁、判大姿态自毁 1、体解锁、体自毁、头罩分离、判大姿态自毁 2、体解锁、体自毁、判姿态失稳自毁、Ⅱ级伺服燃气源点火、开排焰窗口、冲击测量启动、Ⅱ级发动机点火、一二级分离、二级起控，具体情况见表 2 - 2。

表 2 - 2　某型战略导弹一级飞行时段所包含事件和时序列表

序号	发生时间/s	事件代号	时序代号	时序简述	备注
1	0	YJFX110	YJFX110. DH1	Ⅰ级发动机点火	
2	1.1	YJFX120	YJFX120. BDHZH	判不点火自毁	
3			YJFX130. DZTZH1	判大姿态自毁 1	
4	2.4	YJFX130	YJFX131. TJS	体解锁	
5			YJFX132. TZH	体自毁	
6	7.0	YJFX140	YJFX140. WTZFL	头罩分离	
7			YJFX150. DZTZH2	判大姿态自毁 2	
8	19.2	YJFX150	YJFX151. TJS	体解锁	
9			YJFX152. TZH	体自毁	
10	20.0	YJFX160	YJFX160. SWZH	判姿态失稳自毁	
11	55	YJFX170	YJFX170. SFR2DH	Ⅱ级伺服燃气源点火	
12			YJFX180. KPY	开排焰窗口	
13	57	YJFX180	YJFX185. CJCL	冲击测量启动	
14	57.12	YJFX190	YJFX190. DH2	Ⅱ级发动机点火	

续表

序号	发生时间/s	事件代号	时序代号	时序简述	备注
15	57.34	YJFX200	YJFX200.FL12	一二级分离	
16			YJFX205.QK2	二级起控	

2.4.3　动作输入与输出分析

　　任何一个动作的执行都是相关仪器、设备等在特定环境下接收到指令信息后做出的响应，能否正常地接收到正确的指令信息、能否在正常的适应的环境下工作都将直接影响动作执行的效果，而动作执行的效果能否满足设计的要求、动作执行过程中产生的环境是否在设计考虑的包络范围之内，更是设计意图是否能够实现、设计方案是否正确协调的直接反应。因此动作输入输出分析的全面性与准确性是后续时序动作确认能否达到预期目的的一个先决条件。

　　输入条件一般可以分为判据类和接口类两大部分。判据类主要是指动作执行所需要到达的逻辑判断依据，常见的有时间判据、控制系统测量信息判据、组合判据等；接口类主要是指通过正确匹配的机械与电气接口使得相关信息能够准确无误地被动作执行主体所接收，常见的接口类输入包括通信协议、接插件等。

　　输出结果一般可以分为机械、火工动作和电气指令两大类。机械、火工动作主要是指机构装置、火工品在接收到指令后按照设计固有特性执行的运动、火药燃烧等动作；电气指令主要是指电气设备在接收到指令后发出的电信号。

　　环境分为工作环境和产生环境两大类。工作环境是指动作执行期间，执行动作的主体（零件、单机、部件等）所承受的外部环境；产生环境是指动作执行期间，由执行动作所产生的环境。环境按照常用的分类方法主要可以分为自然环境、电磁环境、力学环境、热环境等。

　　动作输入与输出分析要具有全面性，对于动作执行的所需要的所有输入输出都要梳理到、分析到，对设计要素的梳理要全面、不漏项；其中，对判据类的条件要从设计的角度、考虑实际情况和偏差量分析其成立或到达的情况与裕度。

　　动作输入与输出分析要具有准确性，相关分析与确认要以数据为支撑，尽量做到量化、准确，数据源可以是设计分析、仿真分析、地面试验、飞行试验、同类产品试验数据等。

　　动作输入与输出分析要具有关联性，要对本项确认的时序动作进行纵向与横向的关联性分析，追溯与延伸上下游的动作与环境，考察横向其他系统、产品的状态与特性，充分了解产品内部存在的关联与耦合特性，确保环环相扣。

　　判据类输入条件中有一部分没有对应明确的时序动作，比如以惯性器件的行程积分为判据的指令，行程积分是随产品运动不断计算的过程，没有一个明确的时序与之对应，这一类的输入在时序动作确认中往往不是另外某个时序的输出，因此为了避免分析出现漏项，必须对这一判据实现的情况进行全面的分析，确保时序判据设计的合理性与正确性。

联动动作是输入条件中一类比较特殊的情况，在联动动作中，一个输入往往会对应若干仪器设备的一连串的输出响应，而这一连串的动作有的有使能关系，有的没有必然的使能关系，应该遵照全面性以及关联性原则，将有关联的动作作为一组进行分析，同时确保所有动作都能分析到。

接口类输入条件中有一种适配关系接口相对较为特殊，它不是一个纯粹的物理或者电气的接口，而是一种特性的匹配，例如利用发射筒发射的导弹与发射筒之间的适配器就是一个适配关系类接口，这种接口不仅在机械尺寸上有约束要求，在支撑刚度上也有约束要求；另外，通信协议也是一种适配关系输入条件，不仅需要电缆接插件、节点匹配，还需要电气信号的逻辑匹配，针对这一类输入条件，要遵照全面性原则对接口的所有环节进行匹配性分析。

运动边界与间隙是一类特殊的机械接口，是保证机械运动类动作在执行过程中不会发生非预期的碰撞、剐蹭、阻滞等影响动作顺利执行的边界接口。这种接口需要遵循全面性、准确性、关联性原则，在分析运动物体轨迹轮廓的基础上，考虑各种外部环境和影响因素，对运动边界和间隙进行全面辨识与确认。

动作执行机构的工作环境大部分是由于产品中其他零部组件工作所带来的，例如发动机点火工作产生的振动与热环境、火工品起爆产生的冲击环境等；但也有部分环境并不是由其他零部组件工作直接带来的，例如火箭飞行中的最大动压时刻、跨声障时刻等，这些非时序动作直接产生的工作环境需要遵循全面性原则，通过对时段内产品工作特性的分析，在时序动作确认项目中充分和全面辨识，并对相关载荷、环境的适应性进行全系统的分析与确认。

示例 2-2：以某型导弹为例，判据类输入条件、适配关系接口输入条件、运动边界与间隙机械接口输入条件见表 2-3~表 2-5。

表 2-3　判据类输入条件

飞行时段	飞行动作或关键环节（项目）	输入条件和工作环境	输出（响应）结果	设计指标
出水后弹射段	尾罩分离时序配电输出，电爆管起爆电流满足设计要求	时序要求；电气接口要求；平台频标输出正常；平台加速度表输出正常	弹上计算机以八位时序送综合控制器 II，时序宽度××ms	时序要求： 1）导弹弹射点火后，通过对平台 Y 加速度表输出进行二次积分，并根据射前装订的值，进行计算，当高度≥××m（诸元）时，发出尾罩分离指令； 2）根据时间备保判据，导弹出筒后××s（诸元）弹上计算机延时发出尾罩分离备保指令； 3）除弹上计算机时序指令外，安控器在"出筒信号"后××s发尾罩分离指令，再延时发 I 级发动机点火指令

表 2 - 4　适配关系接口输入条件

飞行时段	飞行动作或关键环节（项目）	输入条件和工作环境	输出（响应）结果	设计指标
筒中段	弹筒适配	适配器刚度要求和修配要求	弹—筒—适配器匹配特性满足要求	1）第一道适配器整圈压缩刚度大于等于某值； 2）第二道适配器整圈压缩刚度大于等于某值； 3）第三、四道适配器单块抗压刚度满足要求； 4）第三、四道适配器具有修配功能，修配精度不大于某值

表 2 - 5　运动边界与间隙机械接口输入条件

飞行时段	飞行动作或关键环节（项目）	输入条件和工作环境	输出（响应）结果	设计指标
出水后弹射段	尾罩分离边界正常	仪器电缆安装边界要求	尾罩正常分离	尾段上的仪器设备伸入尾罩内的部分与尾罩上端面内缘和内部仪器设备的安装间隙应满足旋抛过程中的运动边界要求，并可适应可能出现的弹体结构变形： 1）要求尾罩分插及电缆外缘（插接后）在尾罩旋抛过程中不能与发动机喷管发生运动干涉； 2）××装置安装后顶端距尾罩上端框轴向距离不小于××mm； 3）Ⅰ级滚控喷管与尾罩内壁径向间隙大于××mm； 4）Ⅰ级滚控喷管与爆炸螺栓盒周向间隙大于××mm； 5）伺服油管接头与尾段后框间隙大于××mm； 6）伺服燃气源管路与尾段后框间隙大于××mm

示例 2 - 3：输出（响应）分析，以某型导弹级间热分离产生的喷流环境为例，该导弹采用热分离方式，Ⅱ级发动机点火工作，憋压一段时间后一二级切割分离，分离期间Ⅱ级发动机燃气喷流引起一二级级间段和Ⅱ级尾段的热环境和压力环境，高温高压气流会对发动机、结构壳段、管路、仪器设备和电缆等产品产生影响，需对其输出动作、产生的环境及其环境适应性开展针对性分析。

级间分离热环境设计条件根据某型号地面分离试验和飞行试验结果给出，具体条件见表 2 - 6。表 2 - 7 给出了某次飞行试验在一二级分离期间Ⅱ级尾段底部热流遥测结果，其中热流峰值为 2 700 kW/m²，最大总加热量为 1 200 kJ/m²，小于设计值的总加热量 1 350 kJ/m²，表明级间分离热环境设计正确。

表 2 - 6　一二级分离期间热流条件

位置	热流/（kW/m²）	作用时间/s	总加热量/（kJ/m²）
Ⅱ级尾段	2 700	0.5	1 350
一二级级间段	3 600	0.5	1 800
Ⅰ级发动机前封头	15 000	1.0	15 000

表 2-7　某飞行试验一二级分离期间Ⅱ级尾段底部热流遥测结果

飞行试验	热流峰值/（kW/m²）	总加热量/（kJ/m²）	设计总加热量/（kJ/m²）
试验测点 1	2 569	843	1 350
试验测点 2	2 577	1 200	1 350
试验测点 3	2 700	602	1 350

　　一二级分离期间的喷流压力条件根据某型号地面分离试验和飞行试验结果给出，其中Ⅱ级尾段设计压力峰值为 0.15 MPa，见表 2-8。表 2-9 给出了某两次飞行试验一二级分离期间Ⅱ级尾段底部压力实际遥测结果，压力峰值为 0.09 MPa，小于设计条件。为获得真实仪器设备布局情况下一二级分离喷流流场的分布特性，完成了针对当前发次飞行试验真实输入内弹道参数和仪器设备布局条件下的喷流流场仿真计算。Ⅱ级尾段对应遥测测点位置处的仿真计算结果和飞行试验实测结果基本一致。

表 2-8　一二级级间分离压力条件

位置	设计压力峰值/MPa
级间段活动物	0.210
Ⅰ级发动机前封头中心	0.255
Ⅰ级发动机前封头周边区	0.315
Ⅱ级尾段	0.150

表 2-9　一二级分离期间Ⅱ级尾段压力遥测结果、仿真结果和设计条件比较

飞行试验	压力峰值/MPa	设计条件/MPa
试验 1	0.071	0.15
试验 2	0.090	0.15

2.4.4　设计指标与实现情况分析

　　设计指标与实现情况分析的核心是对要分析的时序动作进行基于设计指标体系结构的设计闭环推演。需要明确动作执行的输入条件包含哪些定性和定量的指标、动作执行时的工作环境包含哪些定性和定量的指标、动作执行的输出（设计意图）包含哪些定性和定量的指标、动作产生的环境包含哪些定性和定量的指标；在把设计指标梳理明确后，就需要针对设计指标来回答相关指标是如何在设计方案中实现的。

　　示例 2-4：以某型导弹尾罩分离解锁动作为例，对设计指标与实现情况进行说明。

　　（1）输入条件的设计指标

　　分离解锁动作输入条件的核心是判据能够正常满足、判据满足后控制指令能够正常发出并传递到动作执行端。本例的分离动作总体输入指标为判据总体诸元，其中主判据为行程判据、备保为时间延时，因此首先要给出行程判据的设计诸元值是多少，延时备保诸元值是多少。在总体指标的基础上，分解各系统及关键单机的指标，比如控制系统惯性器件精度指标、电气与机械接口指标、飞控软件指标，火工品系统安全电流指标、可靠点火电

流指标、接口指标等。

（2）输入环境的设计指标

输入环境指标主要是明确动作执行期间产品所承受的外部环境，本例分离动作主要外部环境为尾涌水环境，因此需要明确给出尾涌水环境的设计指标。

（3）动作输出的设计指标

动作输出的指标主要是实现设计意图的各项产品性能指标。本例分离解锁动作的设计意图是弹上两个部段结构在控制指令下解锁断开。分解到各系统和单机的输出指标包括：非电传爆导爆索爆速指标、爆炸螺栓解锁时间指标、爆炸螺栓同步性指标、爆炸螺栓分离冲量及偏差指标、推力装置输出特性指标、电气分离插头工作指标等。

（4）产生环境的设计指标

产生环境的指标主要是指动作给其他系统造成影响的指标。本例分离解锁动作主要是力学环境以及结构运动边界变化两大类。分解到各系统的产生环境设计指标主要包括：火工品动作的冲击指标、分离运动过程的边界包络、分离动作过程的力与载荷等。

（5）指标实现情况

设计指标实现情况主要是针对梳理出来的各项设计指标，逐一回答在产品方案设计中如何考虑、如何实现，具体实现可以是设计分析、工艺保证、试验验证等。

2.4.5　试验与仿真验证情况分析

试验与仿真验证情况可以分为飞行试验、地面试验和仿真分析几类，主要回答对设计指标的验证充分性、系统工作协调性和环境的适应性，在进行试验与仿真验证情况分析时，需要重点关注试验产品的状态是否与真实设计状态一致、试验的边界与真实状态的差异、试验工况与环境的天地差异性等。

需要根据型号研制特点、关键技术攻关需求结合各研制阶段的试验安排及特点，确定试验与仿真验证项目、试验内容和试验次数或数量，针对涉及方案合理性、接口匹配性与协调性、采用新技术及新方法的项目，改进设计的项目，继承性的关键技术项目等应进行充分试验；试验条件的制定要与设计条件吻合并留有一定裕度，试验状态要尽量模拟真实状态；试验考核内容应尽可能完整全面。

其中针对电气系统产品，在型号研制过程中均需完成环境应力筛选试验，元器件要按照"元器件优选目录"和加严技术条件实行统一筛选，单机研制单位要按照分系统环境应力筛选试验条件开展温度循环、随机振动、整机老炼筛选试验，及早剔除工艺缺陷和元器件缺陷；单机产品需要 100% 进行产品验收性试验，试验条件在满足产品功能性能的基础上，还应进行高低温试验、随机振动试验及密封检查等环境性试验，确保满足贮存、运输、发射和飞行试验环境；在批产过程中，每批产品需按抽样规则抽取一定样本进行例行试验，试验项目包括：振动试验、冲击试验、恒加速度试验、低温试验、高温试验、交变湿热试验、低气压试验、运输试验、过电压冲击试验等，进一步验证产品对环境的承受裕度；此外，所有弹上单机、分系统和系统均需按照 GJB151（GJB151A）、GJB152

（GJB152A）等标准规范要求开展电磁兼容性试验，以满足电磁兼容性要求。

　　针对非电产品中的承力结构，需 100％开展静力试验验证，确保结构壳段承载能力满足总体载荷要求并有一定的剩余强度系数；针对防热结构，需开展高温和常温状态的试验考核，确保剩余厚度满足设计要求并有一定裕度，整机需要经过力学环境试验考核，火工品系统需通过设计鉴定试验、分离裕度试验、强度试验考核。

　　全系统设计正确性、工作协调性和真实环境试验性可以通过总体大型地面试验、弹射试验和飞行试验进行全面考核。试验与仿真验证流程图如图 2-6 所示。

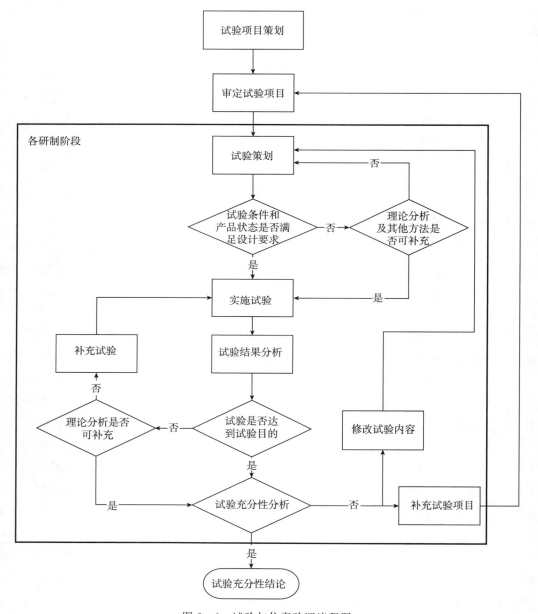

图 2-6　试验与仿真验证流程图

试验项目策划一般包括试验项目名称、所属系统、试验目的、试验状态、试验前提、试验件数、试验周期、与飞试状态的差异、试验条件真实性分析、与其他试验的关系、试验可能的风险及控制措施等，试验项目策划后，还要对试验充分性进行分析，常用的试验充分性分析见表 2 - 10。

表 2 - 10　试验充分性分析

序号	试验项目	所属系统	试验目的	设计条件	试验条件	试验结果	试验充分性结论	不覆盖项目及分析
1								
2								

填表人：　　　　　　　　　　　　　确认人：

示例 2 - 5：以某型导弹为例，对其研制各阶段大型地面试验项目进行说明，见表 2 - 11。

表 2 - 11　导弹型号大型地面试验项目示例

序号	研制阶段	试验项目	试验目的
1	方案阶段	全弹模装	1）通过数字化模装验证全弹结构布局的可行性； 2）以数字化模装为基础，通过实物模装进一步验证结构布局方案的全面可实现性
2		选型风洞吹风试验	利用数值仿真和工程算法进行初步估算，并对几个关键点（针对马赫数而言）进行风洞试验，作为工程估算和数值仿真结果修正和气动设计的依据，确定气动外形
3		系统原理性试验	验证系统设计方案的可行性，突破关键技术
4	初样阶段	模样弹	考核仪器、设备及结构尺寸和公差协调性及工艺装备的协调性
5		风洞试验	1）常规气动特性试验，为弹道、姿控和精度设计提供依据； 2）脉动压力试验，为载荷设计提供依据； 3）风洞测压试验，为载荷专业提供设计依据； 4）级间分离试验，为分离设计提供依据
6		全弹振动特性试验和振动传递特性试验	1）测定结构的振动特性，为稳定分析提供依据； 2）选择速率陀螺位置； 3）修正理论计算模型
7		综合环境试验	1）初样各系统在接近飞行条件的综合环境下，控制、遥测、外测系统及末修姿态动力系统及单机进行通电测试，作电气和机械功能的检查，即在综合环境下作"动态模飞"，考核各系统经受实际飞行环境的能力和工作可靠性； 2）在验证各系统经受飞行环境的能力和工作可靠性后，在综合环境条件下，对各系统及单机进行通电测试，检验各系统是否达到预定的可靠性指标要求
8		分离试验	1）考核分离方案； 2）考核分离机构、分离火工品； 3）测量分离过程中的运动参数、姿态参数和运动轨迹； 4）测量分离环境； 5）为试样阶段修改和完善分离设计提供条件

续表

序号	研制阶段	试验项目	试验目的
9		系统综合试验	1）考核系统设计的合理性、正确性、电磁兼容性和接口的匹配正确性； 2）验证系统及单机工作的稳定性； 3）验证弹上单机嵌入式软件设计的正确性和合理性； 4）验证地面供配电控制及检测设备的正确性； 5）验证地面数据处理软件、地面测试软件的正确性和稳定性； 6）校核各设计文件、图纸的正确性，检验和完善文件； 7）为可靠性分析积累数据
10		全武器系统电气系统匹配试验	1）考核各系统状态； 2）考核软、硬件及接口的协调； 3）测量有关参数； 4）通过试验发现问题，为解决问题和完善设计提供条件； 5）电子化指挥接口
11		全弹电磁兼容性试验	1）测量弹上系统的 EMI 辐射值； 2）在全弹各种状态下，测量控制系统仪器所处的电磁环境； 3）检验全弹在散装、装弹、装筒状态下弹上各系统的自相容性及射频系统的电磁兼容性； 4）对发射筒的透波性能进行检查
12	初样阶段	瞄准试验	1）检验初始对准系统与外部系统的工作协调性和电气匹配性； 2）检测在三轴摇摆台工作条件下：箭上平台－计算机系统的综合（准直与装角）精度以及系统的总精度
13		结构静力试验	验证各部段结构设计的正确性及其极限承载能力
14		动力系统试验	验证动力系统设计方案的正确性和协调性，确定技术参数
15		可靠性试验	检验产品的可靠性水平
16		贮存试验	进行元器件、原材料的贮存性能试验，获取贮存信息
17		弹车起竖与运输试验	1）检查导弹与装填车的协调性； 2）检验导弹与分级产品吊具及全弹吊具的协调性； 3）检验导弹与发射车、发射筒的协调性； 4）考核导弹适应机动运输的性能
18		发动机与伺服系统联试	1）检验伺服系统与发动机初样技术状态的协调性； 2）测定初样推力矢量控制特性； 3）测试与核定互为设计条件的接合部特性与参数； 4）考核推力矢量控制系统经过规定次数的冷态摆动测试后完成热试的能力； 5）考核联试条件下伺服系统及发动机的各自性能与工作可靠性； 6）测量管路温度； 7）考核管路系统方案及工作可靠性
19		装填试验	1）考核装填方案； 2）测量退弹过程中，在不同的退弹速度时，作用于导弹上的载荷、充气压力和流量
20		弹射试验	1）考核弹射动力装置内弹道性能； 2）考核发射筒缩短和出筒速度变化的适应性； 3）考核发射筒在弹射工况下的应变及组合刚度； 4）测量模型弹出筒后速度、姿态角及姿态角速率，提供给稳定系统等

续表

序号	研制阶段	试验项目	试验目的
21		全武器系统电气系统匹配试验	1）检查各参试系统地面设备间的软硬接口的正确性与协调性； 2）检查参试系统弹上各系统间的软硬接口的正确性与协调性； 3）完成总装厂、技术阵地、发射阵地细则的编制、修改、完善工作； 4）通过试验发现问题，解决问题
22		仪器与分系统鉴定试验	检验产品及系统的设计、生产质量是否满足要求
23		电气系统综合试验	1）考核系统设计的合理性、正确性、电磁兼容性和接口的匹配正确性； 2）验证系统及单机工作的稳定性； 3）验证弹上单机嵌入式软件设计的正确性和合理性； 4）验证地面供配电控制及检测设备的正确性； 5）验证地面数据处理软件、地面测试软件的正确性和稳定性； 6）校核各设计文件、图纸的正确性，检验和完善文件； 7）为可靠性分析积累数据
24	试样阶段	电磁兼容性试验	1）测量弹上系统的 EMI 辐射值； 2）在全弹各种状态下，测量控制系统仪器所处的电磁环境； 3）检验全弹在散装、装弹、装筒状态下弹上各系统的自相容性及射频系统的电磁兼容性； 4）对发射筒的透波性能进行检查
25		弹车（艇）协调试验	检验弹车（艇）之间的协调性
26		发动机与伺服系统联合试验	1）检验伺服系统与发动机方案技术状态的协调性； 2）测定初样阶段推力矢量控制特性； 3）测试与核定互为设计条件的接合部特性与参数； 4）考核推力矢量控制系统的实用性，即经过规定次数的冷态摆动测试后完成热试的能力； 5）考核联试条件下伺服系统及发动机的各自特性与工作可靠性
27		靶场遥测合练	1）考核弹—筒—（车）之间各电气接口、机械接口的协调性和正确性； 2）验证武器系统与靶场设施之间的协调性和正确性； 3）验证技术文件和测试流程等的正确性
28		靶场飞行试验	1）考核总体及分系统方案； 2）考核战斗弹飞行状态稳定系统适应性及低空级间分离的适应性； 3）考核头罩分离； 4）考核其他分离； 5）进行制导系统工具误差分离，为工具误差分析提供数据； 6）检验发动机性能； 7）考核诱饵释放及弹体处理方案； 8）测量弹头环境参数； 9）考核全系统协调性； 10）考核最小射程时能量管理及工具误差实时补偿的效果； 11）考核最小射程能力及弹头最小射程能力的适应性； 12）考核瞄准起飞变向方案
29		可靠性试验	检验产品的可靠性水平
30		贮存试验	完成系统级、部组件的贮存试验，获取贮存信息

续表

序号	研制阶段	试验项目	试验目的
31	定型阶段	导弹武器系统机动运输、高温、淋雨、待机和发射准备时间等定型试验	1）考核全武器系统在各种使用条件下的适应性； 2）考核待机和发射准备时间
32		贮存试验	1）验证导弹及平行贮存件在贮存状态下适应贮存环境的能力； 2）为验证导弹贮存适用文件的准确性提供依据； 3）为贮存可靠性评估提供试验信息
33		飞行试验	1）用于设计定型； 2）评估战术技术指标是否满足研制总要求
34		批抽检飞行试验	1）用于检验批次性产品是否满足作战使用要求； 2）检验该批产品是否合格
35		可靠性、维修性试验	检验产品的可靠性、维修性水平

2.4.6　可靠性保证措施分析

　　可靠性保证措施分析主要是分析可靠性管理措施、设计裕度、可靠性保障措施的有效性、关键重要特性的控制方法等，具体包括是否有设计冗余措施、电气系统降额设计、容错设计措施、抗干扰设计、结构承载裕度、产品可靠性试验与分析、产品关键特性及控制措施、产品验收质量控制措施等。

　　在可靠性管理方面：重点关注可靠性工作体系是否建立健全，体系构成和各组成部分的职责分工是否明确，各项可靠性工作是否落实到人，各系统可靠性保证大纲是否编制完整，研制各阶段可靠性工作项目及要求、各项可靠性工作的计划、分工和保障条件是否明确。根据可靠性保证大纲、可靠性研制流程和可靠性工作安排及要求的工作内容，质量与可靠性主管人员需要有针对性地将可靠性工作分解到年度计划和季度计划，并对年度计划和季度计划的执行情况进行监督和检查，确保了可靠性计划的动态管理；在型号研制中，需要对转承制方和供货方进行100%的质量认证，对于转承制方和供货方实施外协、外购件研制全过程的关键环节监控；并需要按照航天质量问题归零的工作要求，从严从细对每一个质量问题进行归零和举一反三；可靠性评审工作作为设计评审的一项重要内容，需要纳入从单机到系统各阶段的设计评审中。

　　在可靠性设计与分析方面，针对原材料与元器件的选用控制，需要严格遵循"优选目录"要求，对于超目录选用必须经过严格审批，确保产品的基础可靠性，针对电子产品需100%经过环境应力筛选，整机经过额定工况与加严工况老炼，保证产品可靠性；在满足战技指标和使用环境条件要求的前提下，需尽可能采用成熟工艺和设计技术，确保产品继承性；针对弹上单机，在设计时均需按 QJ1417－88《电子元器件降额使用规定》进行降额设计，一般地面设备采用Ⅲ类或Ⅲ类以上降额，弹上设备采用Ⅱ类或Ⅱ类以上降额，关键单机的元器件采用Ⅰ类降额；针对机械/火工类产品，在承载设计、密封设计、防热设计等功能设计时均需充分考虑裕度设计的原则，如弹体结构、弹上管路系统、末修姿控发动机气瓶、表面张力贮箱、模块支架、阀体等结构强度、承压能力等均需留有一定的安全系数，火工品系统的传爆距离、偏心、装药量、切割厚度等均需考虑裕度设计；对于可靠性指标要求很高的单机设备，为尽量避免单点失效，还应考虑冗余设计，如控制系统关键部位应采取双机（部组件）并联设计，火工品系统采用双起爆器起爆、导爆索冗余设计等。

示例 2-6：以某导弹数字式压力传感器为例，对电气设备可靠性保证措施分析进行说明。

数字式压力传感器直接用途为测量发动机燃烧室压力，为Ⅱ、Ⅲ级伺服燃气源点火、Ⅰ级开排焰、内头罩分离、Ⅱ-Ⅲ级分离、安全自毁等时序设计及发动机喷管下沉角补偿等提供信息，作为弹上控制系统的关键单机，一旦数字压力传感器出现故障，会导致弹上飞行时序无法正常发出，为提高可靠性，主要采取如下措施：

1）每级安装 2 个数字压力传感器；

2）电连接器为双点双线设计；

3）各级数字压力传感器通过地面热试车搭载考核；

4）整机进行密封设计，提高其长期贮存和抗湿热环境的能力；

5）内部 DC/DC 隔离电源模块进行降额设计；

6）整机采用全屏蔽结构，提高抗电磁干扰能力；

7）壳体材料选用不锈钢，密封采用焊接形式，焊缝 100% 进行 12 MPa 的耐压试验考核，并进行 2 400 次压力疲劳试验。

示例 2-7：以某导弹末修姿控发动机减压阀为例，对机械类产品可靠性保证措施分析进行说明。

减压阀安装于气瓶出口，用于将气瓶中的高压氮气降低到额定工作压力，为贮箱挤压推进剂提供恒定的压力源、并为双组元自锁阀提供恒定的控制气压力。减压阀出口安全阀具有泄压功能，用于防止系统超压引起危险。减压阀安装于气瓶出口，用于将气瓶中的高压氮气降低到额定工作压力，为贮箱挤压推进剂提供恒定的压力源，并为双组元自锁阀提供恒定的控制气压力。减压阀出口安全阀具有泄压功能，用于防止系统超压引起危险，确保发动机结构安全，为提高可靠性，主要采取如下措施：

1）减压阀采用橡胶膜片作敏感元件、入口设置 10 μm 过滤器等措施保证精度和特性，减压阀采取提高抗冲击能力的设计措施；

2）200 N、25 N 电磁阀采用直通式结构，系统增压后，能够承受过载约为 50 g，增压有利于可靠关闭；

3）双组元自锁阀通过增加弹簧安装力，优化排气通道，改进弹簧定位结构等措施，提高关闭可靠性；

4）发动机振动试验测得导管根部应力远小于材料的抗拉强度，应力余量较大。

2.4.7　环境适应性设计与分析

环境适应性设计与分析的重点是分析明确产品其他系统对该时序动作产生环境的适应性，需要在环境影响梳理的基础上全面分析产品各系统对该动作产生环境的适应能力，包括环境主要影响的系统及产品，相关产品的环境适应性设计、试验验证情况等。环境适应性控制分析工作应采取 TDT（top‐down‐top）的分析方法，即寿命期环境剖面制定、环境条件设计确认工作采取自上而下原则，即从总体到系统再到单机；产品环境适应性确认工作采取自下而上原则，即从单机到系统再到总体；单机设计单位和系统对各自检查确认的结果负责，系统对单机设计单位的环境适应性确认结论负责，总体对系统的环境适应性确认结论负责。

环境适应性设计与分析是为满足产品环境适应性要求而采取的一系列措施，包括改善环境或减缓环境影响的措施和提高产品对环境耐受能力的措施。在环境适应性设计方面，主要设计要点如下：

1）单机设计单位根据研制任务或合同要求以及产品在各个型号的环境条件要求、环境适应性设计要求和相应设计规范要求下，制定具体实施方案；

2）采用成熟的环境适应性设计技术，降低新技术、新工艺带来的技术风险；

3）开展力、热、电磁环境分析，确定产品力、热、电磁和自然环境的敏感部位和薄弱环节，提出改进措施；

4）采取适当的设计余量，选用耐环境能力强的材料和元器件（可参照 GJB 548B 和 GJB 3404 执行），提高产品自身对力、热、电磁、自然环境的适应性；

5）采取减缓环境影响的措施（如减振措施、冷却措施、屏蔽措施等），改善产品所承受的力、热、电磁环境；

6）采取环境防护设计（如涂层、镀层、密封等），提高产品对盐雾、湿热、雨淋、霉菌、砂石等自然环境的适应性。

在开展环境适应性分析时，应首先对产品的环境适应性进行预计，预计时应充分考虑产品的每一种工作模式，应根据平台、产品自身工作特性和相邻产品工作情况确定产品所处的最恶劣环境（环境类型及量值），并通过最恶劣环境分析，与元器件及零部件的有关手册提供的材料、元器件等耐环境极限能力比较，确定产品能否承受最恶劣环境作用以及耐受最恶劣环境作用的余量。

在此基础上，在装备研制、生产和使用过程中，应开展各种类型的环境试验。其中在方案和工程研制阶段，应进行环境适应性研制试验、必要的使用环境试验和自然环境试验，将设计缺陷诱发为故障，通过环境适应性研制试验寻找产品的设计、工艺缺陷，确定产品对力、热、电磁和自然环境的敏感部位和薄弱环节，为改进设计提供信息并验证改进措施的有效性，从而提高产品的环境适应性；还应进行环境响应特性调查试验，查明产品的环境响应特性、耐环境能力极限及薄弱环节等，为实施后续试验与评价以及制定装备综合保障计划提供有用的信息；在定型阶段，应进行环境鉴定试验和必要的使用环境试验，验证所设计产品的环境适应性是否满足规定的要求，为定型（鉴定）提供决策依据；在生产阶段，应进行环境验收试验、环境例行试验，验证产品生产过程的稳定性，为批生产产品验收提供决策依据；在使用阶段，应开展必要的使用环境试验和自然环境试验，为评价产品的环境适应性提供信息。

在开展环境适应性确认时，应遵循如下要求：单机设计单位对本单机的环境适应性负责，并编写本单机环境适应性设计、验证确认报告；系统设计单位对本系统的环境适应性负责，检查本系统单机的环境适应性设计、验证、确认工作，并编写本系统环境检查确认报告；总体设计单位对型号的环境适应性负责，检查系统的力学环境适应性设计、验证、确认工作，并编写型号环境检查确认报告。

示例 2 - 8：以某型导弹控制系统关键单机平台为例，对环境适应性分析情况进行说明。

平台是控制系统的关键单机，根据总体环境条件技术文件要求，控制系统制定了弹上设备总技术条件，平台系统据此制定了单机试验条件并开展了环境适应性考核试验，完成情况见表 2 - 12。

表 2 - 12　环境适应性考核试验

序号	产品名称（代号）	环境试验项目	平台系统环境试验条件	控制系统弹上设备总技术条件	实际完成情况
1	平台系统	振动试验	平台电路箱、平台电源箱例行检验按图1～图3功率谱进行振动试验。三个方向，每个方向6 min。振动条件下通电测试，性能指标均满足设计文件规定的技术要求。 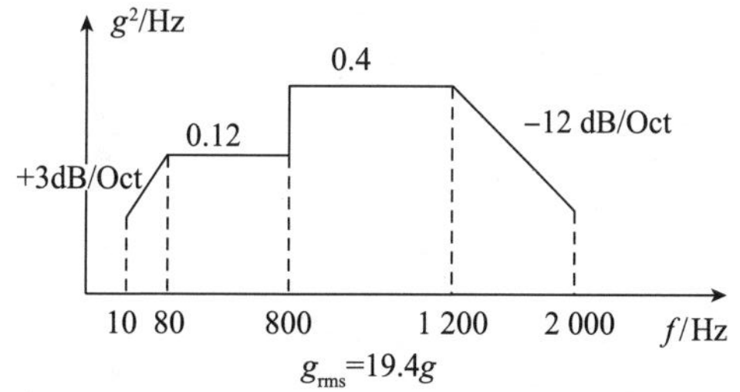 g^2/Hz　+3dB/Oct　0.12　0.4　−12 dB/Oct　10　80　800　1 200　2 000　f/Hz　$g_{\text{rms}}=19.4g$ 图 1　平台电路箱 Y 向、电源箱 Y 向例行振动谱 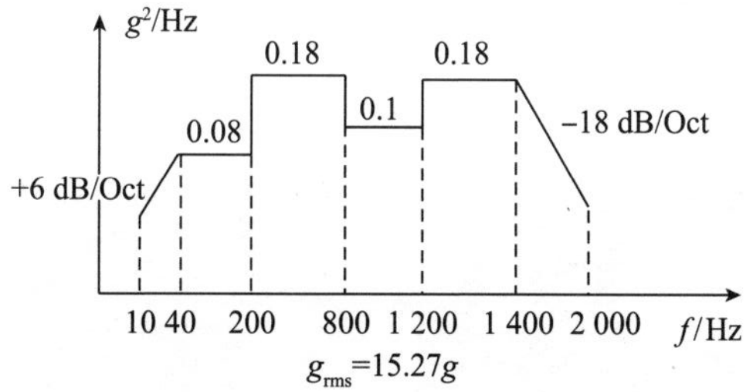 g^2/Hz　+6 dB/Oct　0.08　0.18　0.1　0.18　−18 dB/Oct　10　40　200　800　1 200　1 400　2 000　f/Hz　$g_{\text{rms}}=15.27g$ 图 2　平台电路箱 X 向、电源箱 Z 向例行振动谱	仪器舱环板振动条件如图 4～图 6 所示。 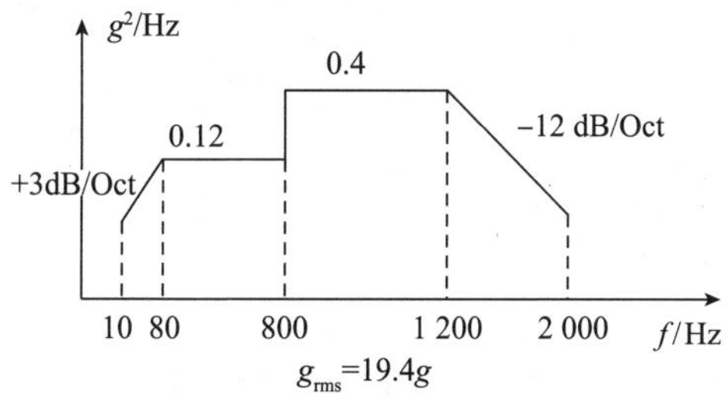 g^2/Hz　+3dB/Oct　0.12　0.4　−12 dB/Oct　10　80　800　1 200　2 000　f/Hz　$g_{\text{rms}}=19.4g$ 图 4　弹体轴向振动条件 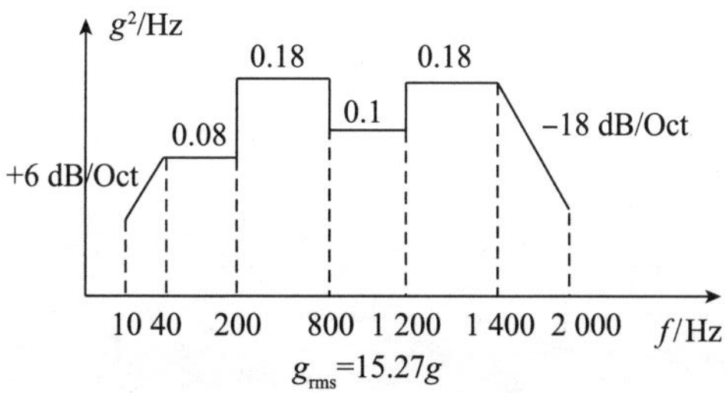 g^2/Hz　+6 dB/Oct　0.08　0.18　0.1　0.18　−18 dB/Oct　10　40　200　800　1 200　1 400　2 000　f/Hz　$g_{\text{rms}}=15.27g$ 图 5　弹体切向振动条件	××年××月××日，在××实验室平台振动系统（编号：××），电源箱（编号：××）配套电路箱（编号：××），电源箱（编号：××）按图 1～图 3 功率谱进行振动试验，X、Y、Z 三个方向，每个方向 6 min。振动条件下平台系统通电测试功能正常，性能指标均满足设计文件规定的技术要求。试验一次通过

续表

序号	产品名称（代号）	环境试验项目	平台系统环境试验条件	控制系统弹上设备总技术条件	实际完成情况
1	平台系统	振动试验	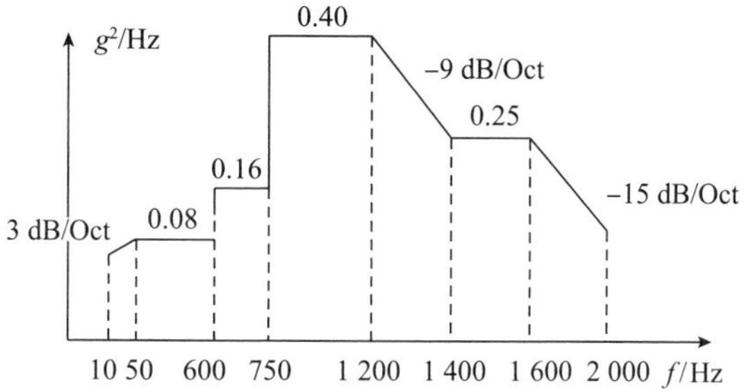 图 3 平台电路箱 Z 向、电源箱 X 向例行振动谱（$g_{rms}=20.56g$；g^2/Hz；f/Hz；0.08，0.16，0.40，0.25；−9 dB/Oct，−15 dB/Oct，3 dB/Oct；10 50 600 750 1 200 1 400 1 600 2 000）	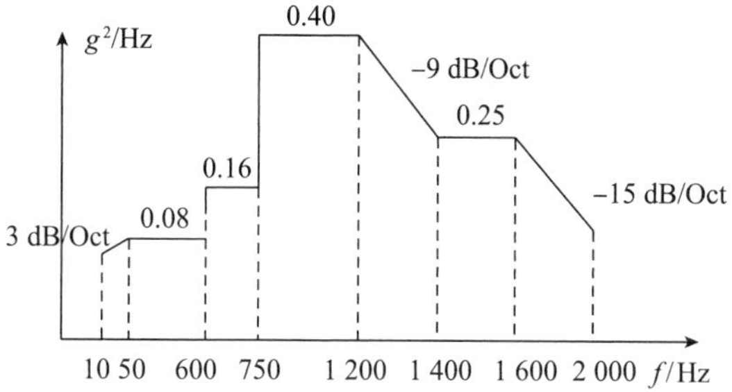 图 6 弹体径向振动条件（$g_{rms}=20.56g$；g^2/Hz；f/Hz；0.08，0.16，0.40，0.25；−9 dB/Oct，−15 dB/Oct，3 dB/Oct；10 50 600 750 1 200 1 400 1 600 2 000）	××年××月××日,在××(地点),平台系统(编号:××)按图 7、图 9 高频冲击正弦扫描冲击试验,试验过程中平台系统通电测功能正常,性能指标满足设计文件规定的技术要求。冲击试验通过,平台系统进行功能检查正常
2	平台系统	冲击试验	平台系统例行高频冲击试验按图 7 所示冲击谱进行。X、Y、Z 三个方向,每向各 3 次。 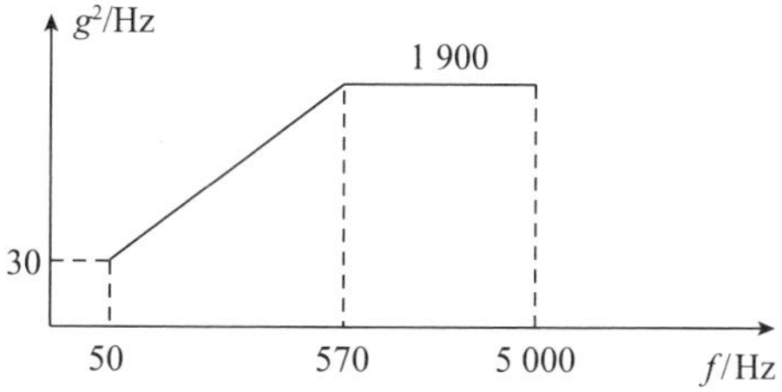 图 7 平台系统例行高频冲击试验冲击谱（g^2/Hz；f/Hz；30，1 900；50 570 5 000）	高频冲击试验按图 9 所示冲击谱进行。X,Y,Z 三方向,每向各 3 次。 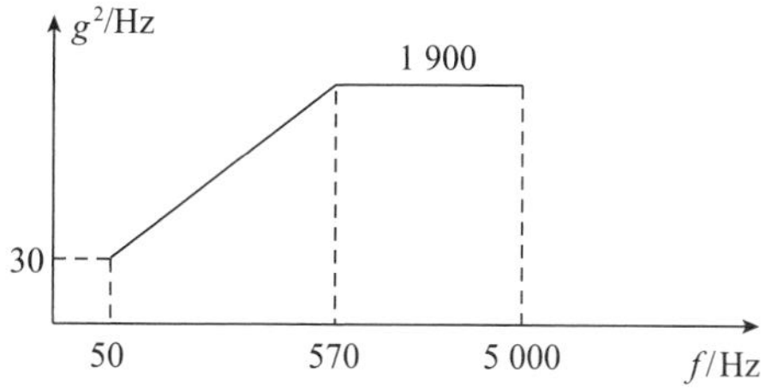 图 9 高频冲击试验冲击谱（g^2/Hz；f/Hz；30，1 900；50 570 5 000）	

续表

序号	产品名称（代号）	环境试验项目	平台系统环境试验条件	控制系统弹上设备总技术条件	实际完成情况
2	平台系统	冲击试验	平台系统××低频冲击正弦扫描鉴定条件如图 8 所示。X、Y、Z 三个方向，每向各 1 次(24 Oct/min)。 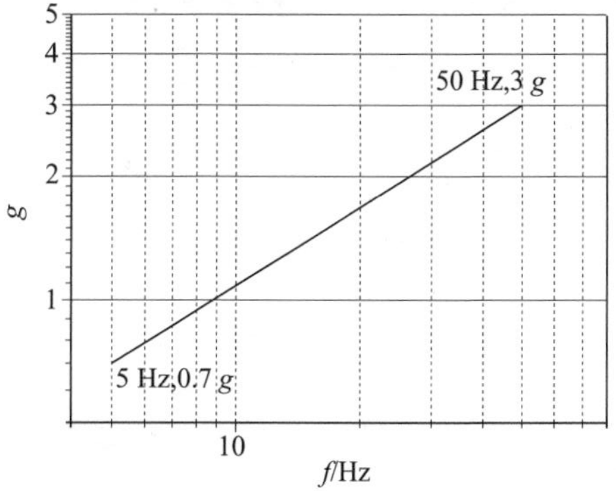 50 Hz,3 g 5 Hz,0.7 g g f/Hz 10 1 2 3 4 5 图 8　平台系统××低频冲击正弦扫描鉴定条件	××低频冲击正弦扫描鉴定条件如图 10 所示。横、法两个方向，每向各 1 次(24 Oct/min)。 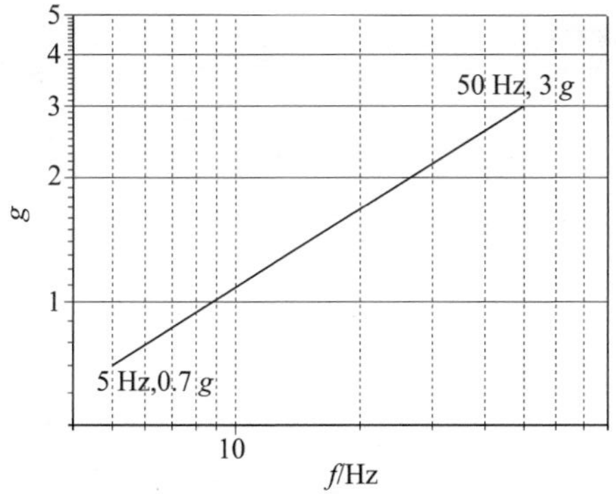 50 Hz, 3 g 5 Hz,0.7 g g f/Hz 10 1 2 3 4 5 图 10　××低频冲击正弦扫描鉴定条件	××年××月××日，在××(地点)，平台系统(编号:××)按图 8、图 10 出水低频冲击正弦扫描谱进行冲击试验，试验过程中平台系统通电测试功能正常，性能指标满足设计文件规定的技术要求，试验一次通过。冲击试验后，平台系统进行功能检查正常
3	平台系统	过载试验	最大轴向过载:××g； 横向过载:××g； 试验时间:10 min	最大轴向过载:××g； 最大横向过载:××g	××年××月××日，在××(地点)，平台系统(编号:××)按最大轴向过载 15 g、横向过载 2 g、每个方向试验时间 10 min 进行过载试验，试验过程中平台系统通电测试功能正常，性能指标满足设计文件规定的技术要求，试验一次通过。试验后，平台系统进行功能检查正常

续表

序号	产品名称（代号）	环境试验项目	平台系统环境试验条件	控制系统弹上设备总技术条件	实际完成情况
4	平台系统	噪声试验	平台系统噪声环境试验条件如图 11 所示。频率范围 50～10 000 Hz。 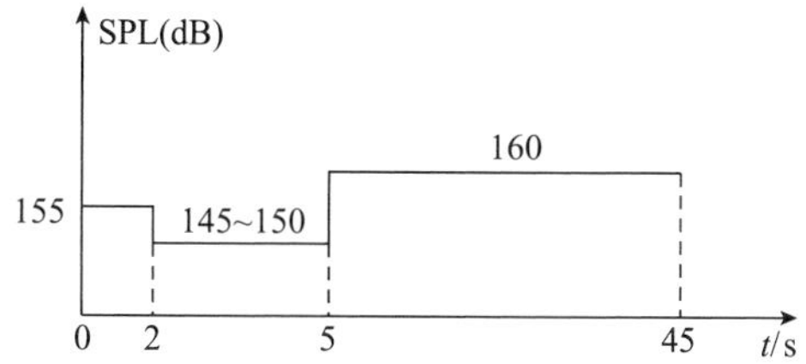 SPL(dB) 155 145~150 160 0 2 5 45 t/s 图 11　平台系统噪声环境试验	平台系统噪声环境试验条件如图 12 所示。频率范围 50～10 000 Hz。 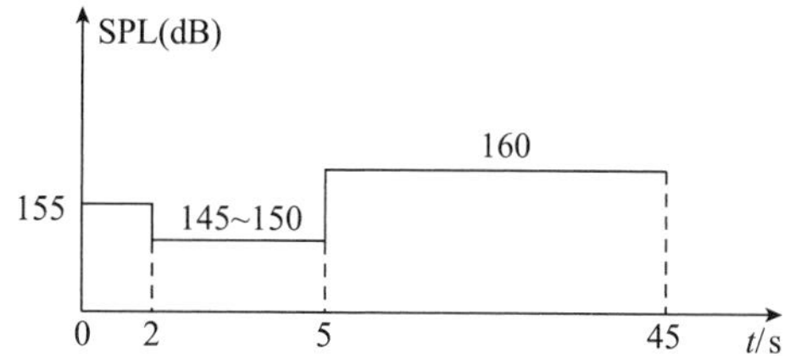 SPL(dB) 155 145~150 160 0 2 5 45 t/s 图 12　平台系统噪声环境试验	××年××月××日，在××（地点），平台系统（编号：××）按图 11 所示的噪声环境试验条件进行噪声试验，试验过程中平台系统通电测试功能正常，$\Delta\omega_x=0.439\ 0(°)/h$，$\Delta\omega_y=0.214\ 5(°)/h$，$\Delta\omega_z=0.098\ 0(°)/h$（要求＜0.5(°)/h），性能指标满足设计文件规定的技术要求，试验后平台系统外观无异常，结构无松动，试验一次通过
5	平台系统	温度循环试验	平台电路箱、平台电源箱单机温度循环试验，高温（＋55±2）℃，低温（－40±2）℃，先低温后高温，每一温度保持 3h，交替进行，温度变化梯度 5～10 ℃/min。交收检验循环 5 次，例行检验循环 7 次。 平台系统高温（＋65±2）℃，低温（－30±2）℃，先低温后高温，每一温度保持 3h，交替进行，温度变化梯度 5～10 ℃/min。交收检验循环 3 次，例行检验循环 5 次	高温（＋65±2）℃，低温（－30±2）℃，先低温后高温，每一温度保持 3h，交替进行，温度变化梯度 5～10 ℃/min。循环 8～10 次	××年××月××日，在××（地点），平台系统（编号：××）按试验条件进行温度循环试验。试验前、后平台系统通电测试功能正常，性能指标满足设计文件规定的技术要求，试验一次通过

续表

序号	产品名称（代号）	环境试验项目	平台系统环境试验条件	控制系统弹上设备总技术条件	实际完成情况
6	平台系统	交变湿热试验	湿热试验条件控制图如图13所示，共6个循环，试验总时间144 h。 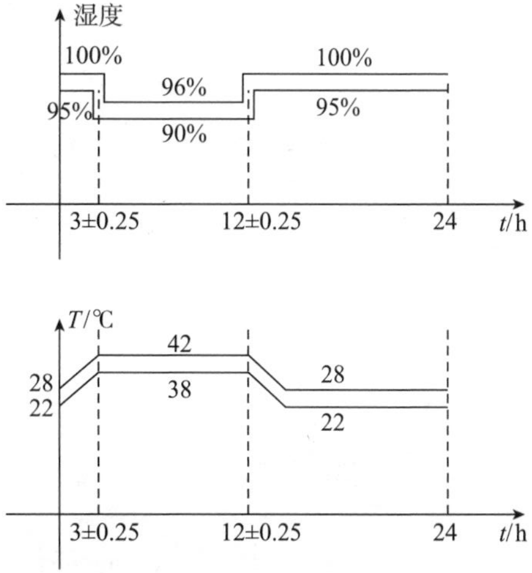 图 13　湿热试验条件控制图	湿热试验条件控制图如图14所示，共6个循环，试验总时间144 h。 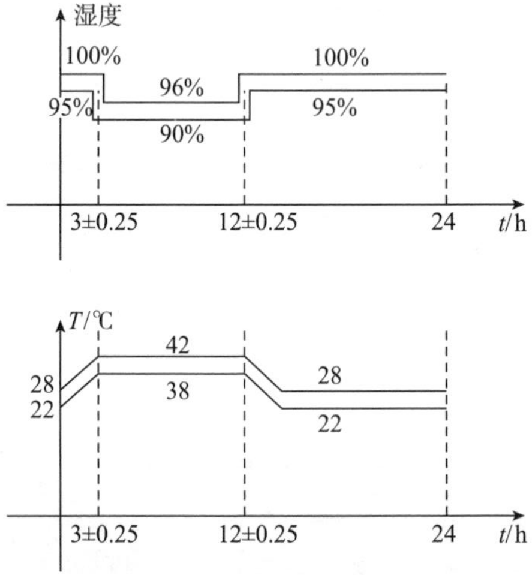 图 14　湿热试验条件控制图	××年××月××日，在××（地点，编号：××）系统按试验条件进行交变湿热试验，试验前、试验中、试验后绝缘电阻均>100 MΩ（要求一般条件下平台绝缘电阻>100 MΩ，电路箱、电源箱绝缘电阻>50 MΩ）；湿热条件下平台、电路箱、电源箱绝缘电阻>5 MΩ）；试验后，平台系统电测功能正常。试验通过

续表

序号	产品名称（代号）	环境试验项目	平台系统环境试验条件	控制系统弹上设备总技术条件	实际完成情况
7	平台系统	低气压试验	平台系统处于（13.333～0.133）Pa 环境中，通电测试。低气压保压 20 min 后，平台内部气压保压 20 min 后，平台系统功能检查应正常。降压后，平台内部气压应不小于 81 kPa。产品外观无变形、无损伤	设备处于（333.33×10⁻¹～333.33×10⁻³）Pa 环境中，维持 15 min，在此期间，设备应通电测试，性能指标应满足分技术条件要求；低气压试验结束时，设备外观应无损伤	××年××月××日，在××（地点），平台系统（编号：××）按试验条件进行低气压试验。低气压前和低气压保压 20 min 后，平台系统通电测试功能正常，$\Delta\omega_x = -0.063\ 0(°)/h$，$\Delta\omega_y = 0.214\ 0(°)/h$，$\Delta\omega_z = -0.047\ 0(°)/h$（要求<1(°)/h）；性能指标满足设计文件规定的技术要求。保压 20 min 后，平台内部气压为 100 kPa,产品外观无变形、无损伤，试验一次通过

续表

序号	产品名称（代号）	环境试验项目	平台系统环境试验条件	控制系统弹上设备总技术条件	实际完成情况
8	平台系统	高气压试验	0.2 MPa，保持 30 min，平台系统产品外观无变形、无损伤	无鉴定试验要求。筒内充压 0.15 MPa	××年××月××日，在××（地点），平台系统进行高气压试验，平台、平台电路箱、平台电源箱放入高气压箱中，0.2 MPa，保持 30 min，检查产品外观，产品外观无变形、无损伤，试验一次通过
9	平台系统	抗电强度检查试验	在正常大气压条件下，在容量为 0.5 kVA，频率为（50±5）Hz，有效值为 250 V 的交流电压击穿装置上进行。平台系统各仪器，设备中各独立电路对外壳，各独立电路间的介电强度，应经受住频率为 50 Hz，电压 250 V（有效值）历时 1 min（当电压提升 25%时，作用时间为 1 s）的耐压试验	在正常大气压条件下，在容量为 0.5 kVA，频率为（50±5）Hz，有效值为 250 V 的交流电压击穿装置上进行。平台系统各仪器，设备中各独立电路对外壳，各独立电路间的介电强度，应经受住频率为 50 Hz，电压 250 V（有效值）历时 1 min（当电压提升 25%时，作用时间为 1 s）的耐压试验	××年××月××日，在××（地点），平台系统按试验条件进行抗电强度检查试验，平台系统各仪器、设备中各独立电路对外壳、各独立电路间无击穿现象。试验后绝缘电阻值为 ∞（要求平台绝缘电阻＞100 MΩ，电源箱、电路箱绝缘电阻＞50 MΩ），平台系统性能指标满足设计文件规定的技术要求。试验一次通过

续表

序号	产品名称（代号）	环境试验项目	平台系统环境试验条件	控制系统单上设备总技术条件	实际完成情况
10	平台系统	电源电压适应性试验	设备中的二次电源能承受地面一次电源故障状态下 38.5 V,持续时间 1 s 的环境冲击（在平台电路箱、平台电源箱例试中进行）。产品性能参数应满足要求	设备中的二次电源能承受地面一次电源故障状态下 38.5 V,持续时间 1 s 的环境冲击（在平台电路箱、平台电源箱例试中进行）。产品性能参数应满足要求	例试平台电路箱、平台电源箱在 38.5 V 下通电 1 s,调回 28.5 V 测试,参数合格,满足设计文件要求
11	平台系统	运输试验	平台系统运输试验采用公路或铁路运输,采用公路运输时速,一次运输距离≤500 km,累计运输距离≥3 000 km	平台系统运输试验采用公路,一次运输距离≤500 km,累计运输距离≥2 000 km,在优于Ⅳ级公路运输时,时速可以提高到 1.5 倍	××年××月××日,在××(地点),平台系统按试验条件进行运输试验,试验前后平台系统功能检查,各项性能指标满足设计文件规定的技术要求,试验一次通过

2.4.8　复核复算和专题审查情况分析

在各系统开展时序动作分析和确认时，复核复算和专题审查是重要一环，复核复算是指对选定的设计项目，在设计输出确定（完成）后，为验证（校核）设计输出是否满足设计输入的要求，由独立于本型号设计师系统之外的同行专家，依据设计输入对设计输出（含设计图样、研试文件、软件源程序与文档等）进行独立的校对和计算，并对原设计提出意见和建议的活动。通过复核复算和专题审查工作，确保关键环节和关键参数设计的正确性和合理性，可有效化解主管设计人员单点环节带来的技术风险。

复核复算项目确定的原则一般包括：采用的新技术方案、新技术的应用项目；改进设计的项目、继承性的关键技术项目；转阶段设计评审中提出的需复核或复算的问题；上一阶段遗留的问题；可能造成Ⅰ、Ⅱ类（成败、灾难性）故障的项目；通过风险分析确定的可能导致飞行试验成败的项目；列入可靠性、安全性的关键项目，以及经可靠性、安全性分析所确定的薄弱环节；上级领导和专家提出的项目等。其中在方案阶段，复核复算工作应重点针对技术方案、新技术的应用以及继承性的关键技术等，初样研制阶段应重点针对初样设计、安全性、可靠性设计、关键项目和新技术等；试样研制阶段应重点针对影响成败的关键技术及技术状态变化项目，初样复核复算遗留项目及遗留问题等。

复核复算主要内容一般包括以下部分：

1）设计与项目研制任务书的符合性；

2）设计与型号的设计准则、规范及有关标准的符合性；

3）设计与计算的正确性和完整性；

4）大型地面试验及飞行试验方案的合理性和正确性；

5）软件设计的正确性和可靠性，与软件工程化要求的符合性；

6）可靠性模型建立与可靠性设计措施的合理性和有效性；

7）可靠性、维修性指标的分配是否得到满足，并有一定的余量；

8）结构安全系数、降额系数选取的正确性，冗余、容错设计和优化设计的正确性、合理性；

9）可靠性、安全性、维修性、保障性、测试性和环境适应性大纲是否得到正确贯彻；

10）FMEA、最坏情况分析及采取措施是否恰当；

11）针对安全性、可靠性薄弱环节及Ⅰ、Ⅱ类单点故障模式，在设计上采取的预防措施是否明确、有效；

12）环境适应性分析情况；

13）系统间接口协调、匹配的正确性和有效性；

14）设计的工艺可实现性及对生产工艺实现过程中可能引入的降低安全性、可靠性的因素从设计上采取的控制措施是否正确合理；

15）测试覆盖性分析情况；

16）元器件、原材料选用及降额设计情况，新选用的元器件、原材料应用鉴定情况。

专家复核复算前，设计师系统应对被复核复算项目的有关内容进行全面检查确认，主要包括：设计基本思路、设计依据、主要参数计算公式、计算结果，研究项目中采用的新技术或关键技术、试验内容和结果，研制过程中曾经出现的问题以及归零情况，原材料和元器件的选用及元器件降额设计情况，软件设计及可靠性设计情况，可靠性、安全性、维修性、保障性、测试性和环境适应性以及优化设计情况，对现有设计和产品的评价，需改进的工作。设计师系统应根据需要提供有关设计输入输出文件和相关试验结果分析、归零报告等，确保提供的资料完整、准确，在复核复算过程中积极配合专家的工作，任务书提出单位的有关人员应参加相关项目复核复算。复核复算专家组可采取面谈和查阅技术资料等形式，全面了解设计情况，对有关技术文件进行复核复算和审查，对发现的问题进行甄别，对同类问题进行合并汇总，归纳梳理出专家建议项目并与设计师系统交换意见。复核复算结束后，由该项目复核复算专家编写复核复算报告并填写复核复算结论，专家组组长在审批复核复算报告时，对专家建议项目进行归纳确认。设计师系统应对复核复算专家组提出的建议进行逐条分析和落实，并给出采纳或维持原状态的明确答复，对采纳的建议，应制定具体落实方案和实施计划；不采纳的，应书面说明理由和后果的影响程度并向专家组反馈，编写复核复算专家建议落实情况报告。

示例 2 - 9：设计复核复算工作相关量化表格，包括设计复核复算项目清单、复核复算专家建议落实情况表、复核复算专家建议落实情况统计表格式分别见表 2 - 13～表 2 - 15，设计复核复算工作流程示例见图 2 - 7。

表 2 - 13　复核复算项目清单

序号	项目名称	责任单位	复核复算级别	备注

填表人：　　　　　　　　　　　　批准人：

表 2 - 14　复核复算专家建议落实情况表

序号	专家建议	设计师系统意见	落实情况	原专家复审意见	备注

填表人：　　　　　　　　　　　　批准人：

表 2 - 15　复核复算专家建议落实情况统计表

序号	复核复算项目	设计单位	重点复核复算内容	专家组建议	设计师系统意见		落实情况		采取措施	备注（不采纳原因）
					采纳	不采纳	已落实	未落实		

填表人：　　　　　　　　　　　　批准人：

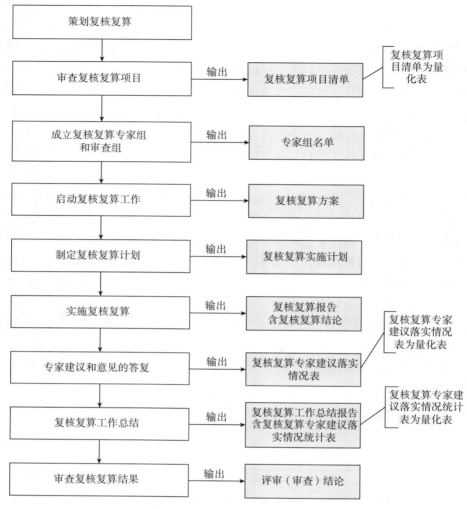

图 2-7　设计复核复算工作流程

2.4.9　综合分析确认

在完成时序动作项目梳理后，形成时序动作确认表格，将时序动作确认表格按照系统—单机的层级进行下发，然后各系统—单机对表格进行填写，填写确认表格实质上是对自身设计与产品性能能否满足实际工作要求的一次全面分析与确认，根据产品执行不同阶段/环节任务的特点，在时序动作确认过程中按照"九个逐一"的要求进行开展。根据确认对象的实际情况和特点，视情增加其他确认项目，如技术状态变化、以往出现的质量问题及举一反三等。系统—单机在完成时序动作确认表格的填写后，需要以系统为单位对确认工作的正确性、完备性等进行审查与评审，并根据审查与评审所提出的意见，对确认表格进行完善与修改，通过阶段性的质量确认以避免后续工作中出现大的反复。

时序动作确认的核心目的是辨识与控制产品风险，因此在完成上述基于时序工作的分析与确认工作后，型号总体形成综合确认报告，由型号总体负责，型号两总参加，型号管理部门组织各方参加，组织全系统对每一个动作进行讨论，对总体—系统—单机的设计指标体系、实现情况、系统间的协调与匹配性、验证情况与裕度等全面地开展确认工作，通过确认查找可能存在的上下游理解不一致、考虑疏漏、验证不到位等风险点，并针对风险点进行分析，对于可以通过完善改进而规避掉的风险提出完善改进方向，比如针对设计错误的改进设计、针对验证不充分的项目补充试验与仿真等；对于无法通过改进完善而规避的风险要进行风险发生概率及影响分析，为后续研制决策提供支撑。通过此过程，一方面对内容的正确性、有效性和协调性进行确认；另一方面可以利用各自专业特长和关注点差异起到相互启发的作用，发现新的确认需求和设计实现过程中可能存在的潜在风险。

2.4.10　迭代改进

基于时序动作确认的风险识别与控制工作是一个不断迭代、螺旋收敛的过程，在明确改进完善方向后，需要根据改进完善的具体情况，补充进行或者重新进行时序动作确认分析，直到最终实现全系统的闭环和风险可接受。

2.4.11　总结

一轮时序动作确认工作结束后，要对时序动作确认进行全面总结，总结首先要明确本轮分析对象产品的技术状态，明确分析的重点和目的，总结工作过程，总结发现的问题与解决途径，并提出下一轮时序动作分析工作的建议。

第 3 章　支撑性技术风险分析与控制方法

本章介绍了技术风险管理的常用方法，重点阐述了时序动作分析和确认方法中用到的支撑性分析与控制方法。

3.1　技术风险的内容及一般程序

技术风险的内容主要有以下几种：

1）设计风险：由于设计方案不成熟、设计欠缺等造成研制过程中所面临的风险。包括：设计可靠性欠缺，设计接口不协调，未认知的新技术，设计文件差错，软件与软件、软件与硬件接口不协调，设计功（性）能错误，测试覆盖性不全，软件程序差错，技术状态不受控，环境设计不充分，设计方案错误，软件技术状态不受控，软件需求不明确或欠妥，测试手段、方法欠妥，软件任务书不明确或欠妥，软件设计文档差错等方面。

2）制造风险：由于工艺技术水平无法满足设计要求所造成的研制风险。包括：多余物、工艺方案考虑不周、未认知的新工艺、工艺规程编写不当、工装误差积累、生产准备不充分、工艺规程不明确、工艺能力不足、检验规程编写不当、工艺文件差错等方面。

3）试验风险：由于试验不充分等造成的风险，包括地面试验不充分、测试数据判读不细、错漏检等方面。

4）外包风险：由于外购外协产品达不到任务书要求造成的风险。包括外协件不合格、外购件不合格、进货验收不严、外协文件差错、非正常渠道采购、外购文件差错、进货验收差错等方面。

5）材料（元器件）风险：由于航天产品上的材料（元器件）可靠性不高而造成的风险。包括元器件本质失效、没有批准的超优选目录、原材料固有质量差、元器件选用失效、原材料选用不当等方面。

6）管理风险：由于管理风险引发的技术风险。主要包括规章不完善、人为责任、有章不循、无章可循等方面。

技术风险管理是指按照预定的程序，采用适用的技术方法，识别工程技术风险项目，在分析技术风险可能性与严重性基础上综合确定风险等级，采取必要的应对措施，对应对措施进行验证并对风险管理效果进行评估。其基本过程包括：技术风险识别、技术风险分析、技术风险应对、技术风险监控，如图 3-1 所示。工程技术风险管理是一个反复迭代的过程。

技术风险识别是运用一定的理论方法，判断哪些风险会影响导弹武器系统项目并记录其特征的过程，即确定各类潜在的技术风险过程。主要方法是通过记录查找、统计分析、调查研究、实地勘查、采访或参考有关资料，咨询相关专家或查阅相关法规等。

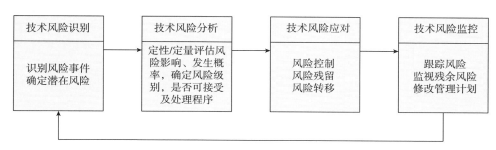

图 3-1　技术风险管理基本过程

　　技术风险分析是对已识别的导弹武器系统风险，根据一定的行为准则和标准，衡量风险的程度，以便确定风险是否需要处理和处理的优先顺序及后续的预防处理措施，是对已识别出来的技术风险进行评估和量化的过程。

　　技术风险应对是在技术风险识别和技术风险分析的基础上，根据排列的风险优先级，以一定的方法和原则为指导，针对发生可能性较高的技术风险以及产生后果严重的技术风险制订技术风险应对计划，以降低风险发生的概率和风险事故发生带来的损失程度。其主要的风险处理方法有：1）风险控制；2）风险残留；3）风险转移。

　　技术风险监控是跟踪已识别的风险的发展与变化情况，及时调整风险应对技术，以便及早发现风险事件，从而将风险事件消灭在萌芽状态和减到最少，保证导弹武器系统风险管理达成预期目标的过程。

3.2　基于时序动作分析和确认的风险管理的支撑性技术方法

　　在航天型号产品研制过程中，已经形成了一套自己特有的技术风险管理方法，在风险识别、分析、应对与控制方面取得了很好效果。表 3-1 给出了航天型号常用的技术风险管理方法及工程适用阶段。

表 3-1　技术风险管理方法及工程适用阶段

序号	技术风险管理方法名称	适用阶段			
		论证阶段	方案阶段	工程研制阶段	定型阶段
基于时序动作分析和确认的风险管理的支撑性技术方法					
1	故障模式与影响分析（FMEA）	√	√	√	△
2	故障树分析（FTA）	×	√	√	△
3	单点故障模式识别分析方法	×	√	√	×
4	潜在通路分析	×	△	√	△
5	复核复算方法	×	×	√	△
6	质量检查确认方法	√	√	√	√
7	测试覆盖性分析	×	×	√	×

续表

序号	技术风险管理方法名称	适用阶段			
		论证阶段	方案阶段	工程研制阶段	定型阶段
8	试验充分性分析	×	△	√	√
9	数据差异性分析	×	√	√	√
10	成功数据包络线分析	×	△	√	×
其他常用的风险管理支撑性技术方法					
11	"九新"分析	√	√	√	×
12	关键特性识别	×	√	√	×
13	关键项目管理	×	×	√	×
14	查找文档法	√	√	√	√
15	头脑风暴法	√	√	√	√
16	德尔菲法	√	√	√	√
17	面谈法（会议法）	√	√	√	√
18	根原因确认法	√	√	√	√
19	SWOT 分析法	√	√	√	√
20	情景分析法	√	√	√	√
21	基于产品结构的风险识别	√	√	√	√
22	过程风险评估	√	√	√	√
23	型号文档风险识别	√	√	√	√
24	历史记录统计法	√	√	√	√
25	假设条件分析法	√	√	√	√
26	数值仿真法	√	√	√	√
27	专家评分法	√	√	√	√
28	反复函询法	√	√	√	√
29	技术成熟度评估	√	√	△	×
30	事件链分析法	×	√	√	△
31	概率风险评估（PRA）	×	√	√	△
32	事件树分析（ETA）	×	√	√	△
33	可靠性预计	△	√	√	√
34	裕度设计	×	△	√	√
35	最坏情况分析	×	△	√	√
36	电磁兼容性分析	×	△	√	√
37	风险评审技术法	×	√	√	△
38	技术成熟度评价	√	√	√	√
39	风险评价指数法	√	√	√	√
40	多次投票法	√	√	√	√

续表

序号	技术风险管理方法名称	适用阶段			
		论证阶段	方案阶段	工程研制阶段	定型阶段
41	独立评估	△	√	√	△
42	四不到四到分析	×	△	√	√
43	产品数据包	×	√	√	√
44	量化控制	△	√	√	√
45	质量问题归零	×	×	√	√
46	技术状态管理	√	√	√	√
47	关键件（特性）、重要件（特性）控制	×	×	√	√
48	测试和试验数据分析	×	△	√	×

注："√"表示适用；"△"表示可选用；"×"表示不适用

　　表 3 - 1 中给出了 48 种风险管理的方法及其适用阶段，均适用于型号研制过程不同研制阶段。其中前 10 种是与基于时序动作分析和确认的风险分析与控制紧密相关的支撑性方法，本节给出详细的介绍。

3.2.1　故障模式及影响分析（FMEA）

　　（1）适用范围和适用阶段

　　FMEA 适用范围很广，适用于航天工程各级产品的论证、方案、工程研制各阶段。通常在方案阶段采用功能分析法。在工程研制阶段应使用硬件（产品）分析法，或采用硬件分析与功能分析相结合的方法。FMEA 适用于设计、工艺、接口、过程、软件、维修、使用等环节。

　　（2）参考标准

　　1）GJB/Z 1391 — 2006《故障模式、影响及危害性分析指南》；

　　2）QJ 3050A — 2011《航天产品故障模式、影响及危害性分析指南》。

　　（3）在基于时序动作分析和确认的风险管理中的作用

　　1）识别与时序动作有关的故障模式、影响及潜在风险；

　　2）识别与时序动作潜在故障模式相关的可靠性保证措施；

　　3）识别与时序动作相关的对环境产生的影响与相关设备（系统）的影响；

　　4）识别与时序动作分析确认相关的试验验证、仿真分析的分析需求。

　　（4）方法简介

　　FMEA 指分析产品中每一个可能的故障模式并确定其对该产品及上层产品所产生的影响，以及把每一个故障模式按其影响的严重程度予以分类的一种分析技术。实质上就是通过对故障的回想和预想、分析原因、采取防范措施，避免故障发生。

　　FMEA 的目的是按规定的规则记录产品设计和工艺设计中可能存在的故障模式，分析每种故障模式对产品工作或状态的影响，发现设计中的潜在薄弱环节，评价、确认预防及纠正措施或补偿措施，从而保证产品的可靠性与安全性。

FMEA 可以系统地分析零件、元器件、设备、分系统、系统等各层次产品所有可能的、潜在的故障模式，逐一分析故障原因及后果，发现设计、生产中的薄弱环节，识别风险并采取针对性预防措施，消除或降低故障发生的可能性，保证产品的固有可靠性。

FMEA 有两种基本方法：硬件法和功能法。

1）硬件分析法是以独立的产品单元为基础，分析所有产品单元的每一个潜在故障模式及其对初始约定层次产品的使用、功能或状态的影响。

2）功能分析法是以产品功能为基础，分析每一个功能的所有潜在故障模式及其对初始约定层次产品的使用、功能或状态的影响。

参考 QJA3050A — 2011《航天产品故障模式、影响及危害性分析指南》，给出 FMEA 工作表的格式，见表 3 - 2。

表 3 - 2　FMEA 工作表（参考 QJA3050A - 2011）

初始约定层次_____　　　任务阶段_____　　　审核_____　　　日期_____
约 定 层 次_____　　　分析人员_____　　　批准_____　　　页次_____ 总页数_____

标识号	产品或功能标志	功能	故障模式	故障原因	任务阶段与工作方式	故障影响			严酷度类别	故障检测方法	预防、纠正措施	补偿措施	备注
						局部影响	高一层次影响	最终影响					
对每个产品采用一种编码体系进行标识	记录被分析产品或功能的名称与标志	简要描述产品所具有的主要功能	根据故障模式分析的结果，依次填写每个产品的所有故障模式	根据故障原因分析结果，依次填写每个故障模式的所有故障原因	根据任务剖面依次填写发生故障时的任务阶段与该阶段内产品的工作方式	根据故障影响分析的结果，依次填写每一个故障模式的局部、高一层次和最终影响并分别填入对应栏			根据最终影响分析的结果，按每个故障模式确定其严酷度类别	根据产品故障模式原因、影响等分析结果，依次填写故障检测方法	根据故障影响、影响等分析结果，依次填写设计改进与使用补偿措施	简要记录对其他栏的注释和补充说明	

航天标准 QJA3050A — 2011《航天产品故障模式、影响及危害性分析指南》中应用风险评价指数评价故障模式影响的危害性，给出了风险评价指数矩阵，并且应用风险评价准则对故障模式影响的危害性进行排序，以作为技术、管理决策的依据，给出了风险评价准则。

3.2.2　故障树分析（FTA）

（1）适用范围和适用阶段

本方法适用于航天型号系统级、分系统级及单机级层次的方案、工程研制阶段。

（2）参考标准

参考标准为 GJB/Z 768A — 1998《故障树分析指南》。

（3）在基于时序动作分析和确认的风险管理中的作用

1）识别与时序动作有关的可靠性保证措施；

2）对重要故障模式进行根源分析，识别消除故障、降低故障影响的设计、工艺改进手段。

（4）方法简介

故障树分析（FTA）是通过对可能造成产品故障的硬件、软件、环境、人为因素等进行分析，画出故障树，从而确定产品故障原因的各种可能组合方式和（或）其发生概率的一种分析技术。FTA 是一种图形演绎方法，它以特定的故障状态为目标作层层深入的逻辑分析，形象直观地描述系统内部各种事件的因果关系，从而找出引起系统失效的各种故障事件组合，并采取相应的防范措施。

FTA 可以追溯系统失效的根源，深入到故障组合关系。以不希望发生的、作为系统失效判据的一个事件（顶事件）作为分析的目标，第一步去寻找所有的引起顶事件的直接原因，第二步再去寻找引起上述每一个直接原因的所有直接原因，以下同理，逐层地找下去。这样，就可以找出系统内可能发生的硬件失效、软件差错、人为失误、环境影响等各种因素（底事件）和顶事件所代表的系统失效之间的逻辑关系，并且用逻辑符号连成一棵倒立的树状图形。故障树样例如图 3 - 2 所示。

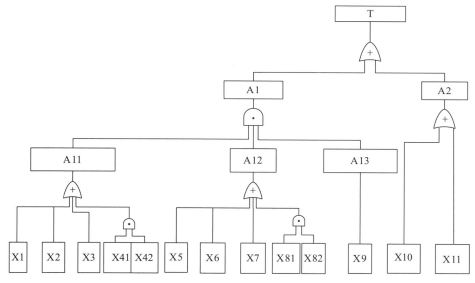

图 3 - 2　故障树分析示意图

通常在航天产品设计中，一般普遍采用 FMEA 进行潜在故障模式分析，在 FMEA 的基础上，将可能发生的灾难性的或严重的系统失效事件作为顶事件，有重点地进行 FTA，识别出灾难性事件的风险源，并进行针对性分析。FMEA 是 FTA 的一种准备，FTA 是 FMEA 的发展和补充，二者相辅相成。FMEA 是自底向上分析，FTA 是自顶向下的一种分析模式。

FTA 的基本步骤如下：

1）基本信息收集；

2）确定 FTA 目标；

3）确定顶事件；

4）确定 FTA 的范围、层次及基本规则；

5）建立故障树；

6）故障树的分析和评价（定性和定量）；

7）分析结果的解释与说明。

FTA 的基本步骤如图 3 - 3 所示。

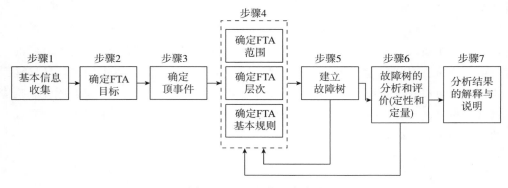

图 3 - 3　FTA 的基本步骤

在画出故障树之后，可以利用布尔代数法对故障树进行分析，包括定性分析和定量分析两种方法。在定性分析中，主要包括最小割集、最小径集和重要度分析。最小割集就是引起顶事件发生必须的最低限度的割集。最小径集就是顶事件不发生所需的最低限度的径集。

3.2.3　单点故障模式识别分析方法

（1）适用范围和适用阶段

该方法适用于航天型号各级产品层次方案、工程研制阶段单点故障模式识别分析。

（2）参考标准

参考 QJA 71 — 2011《航天型号单点故障模式识别与控制要求》。

（3）在基于时序动作分析和确认的风险管理中的作用

1）识别与时序动作有关的单点故障模式；

2）识别消除有害的单点故障的设计改进措施或可靠性保证措施；

3）识别与时序相关的单点故障可能造成的对环境、其他设备（系统）的影响；

4）对单点故障进行试验验证、仿真或计算分析。

（4）方法简介

单点故障指会引起系统故障，而且没有冗余或替代的操作程序作为补救的产品故障。

单点产品一旦失效，会引起系统故障，甚至会导致航天工程飞行试验失败或在轨无法正常运行。保证单点不失效是航天工程技术风险控制的重要工作目标。

按照故障模式所产生后果的严重程度来界定单点故障模式的严酷度。

单点故障模式识别与控制方法是将 FMEA 与 FTA 相结合，以飞行任务或在轨运行为剖面，在 FMEA 已识别单点故障模式基础上，选取灾难性、成败型两类故障进一步开展 FTA 分析，按照从总体、分系统、单机直至单元的系统工作程序，找出一阶最小割集，识别单点故障模式，最终汇总形成单点故障模式清单。

根据单点故障模式清单，对所涉及的关键产品设计、工艺、过程三类关键特性进行自上而下的逐级量化分解和自下而上的逐级量化闭环确认，分析各种故障可能发生的原因，识别设计中的技术风险，为制定应对措施并实施改进提供有效支持。

表 3-3 给出了 I 类和重点控制的 II 类单点故障模式清单，必要时可对表格进行适应性剪裁。

表 3-3　（系统/分系统/单机）I 类和重点控制的 II 类单点故障模式清单

序号	产品或功能 标志	故障 模式	任务 阶段	严酷度	发生 可能性	控制 措施	验证 结果[1]	说明

① 验证结果在控制措施落实后填写。

3.2.4　潜在通路分析

（1）适用范围和适用阶段

适用于航天各级电子电气产品工程研制阶段和定型阶段的潜在电路分析。

（2）参考标准

参考标准为 QJ 3217—2005《潜在分析方法和程序》。

（3）在基于时序动作分析和确认的风险管理中的作用

1）识别与时序动作有关的潜通路故障模式；

2）识别消除有害潜通路的设计改进措施或可靠性保证措施；

3）识别与时序相关的潜通路故障模式可能造成的对环境、其他设备（系统）的影响；

4）对潜通路进行试验验证、仿真或计算分析。

（4）方法简介

潜在通路是指潜伏在电气系统设计中，在一定条件下出现的非期望通路或状态，该通路或状态可能造成系统不应有的动作或对应有动作的抑制（与元器件失效无关）。潜在通路分析的目的是分析潜在通路造成的危害后果，并采取相应的设计措施。

通过对航天型号电子/电气系统实施潜在电路分析，可以预先发现系统中潜在的非失效相关的故障因素，提前采取针对性措施，在技术上贯彻预防为主的方针。实现以下目的：

1）在型号投入生产前，通过识别和解决系统设计中存在的潜在通路和导致潜在通路的设计缺陷、设计差误，提高系统的可靠性及安全性，降低产品的任务失败风险；

2）对高更改率的分系统进行及时分析，确保更改不会带来新的潜在通路问题。

潜在通路分析包括四个阶段，如图 3-4 所示。第一阶段主要是系统确定阶段；第二阶段是准备阶段；第三阶段是分析阶段；第四阶段是结论阶段。四个阶段主要分为九个步骤，主要如下：

1）确定分析内容；

2）收集数据，包括确定数据要求、数据类型等；

3）复核数据；

4）预处理数据；

5）数据录入；

6）生成功能网络森林；

7）应用线索表分析，包括理论线索分析、逻辑线索分析、经验线索分析等；

8）对识别出的问题进行确认；

9）给出潜在通路分析结论，完成分析报告。

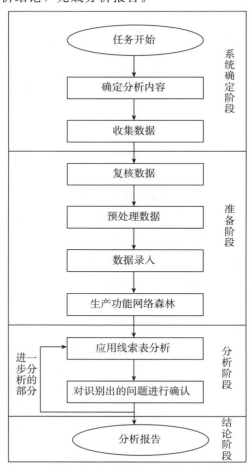

图 3-4　潜在通路分析步骤

3.2.5　复核复算方法

（1）适用范围和适用阶段

复核复算方法适用于航天工程各级产品。主要用于方案阶段、研制阶段、定型使用等阶段的后期。目前尚未查到相关参考标准。

（2）在基于时序动作分析和确认的风险管理中的作用

1）对基于时序动作分析的设计、分析情况进行审查、把关；

2）对基于时序动作分析的飞行及地面试验考核情况进行检验和审查；

3）对系统模型进行验证，减少风险。

（3）方法简介

复核复算是对产品的质量进行检验和校核，通过利用同行专家和相关专业专家的设计经验和专业知识，以及利用不同的计算方法、试验方法，对设计项目进行的审查和把关，是设计工作的补充和延续。通过复核复算，一方面对系统模型进行验证，另外可以在很大程度上避免人为失误造成的风险。

复核复算项目的具体确定原则如下：

1）新立项设计的工程项目和在原工程项目基础上改进设计的项目；

2）转阶段设计评审中专家提出的重要问题和上一阶段遗留的重大问题；

3）可能造成Ⅰ、Ⅱ类（成败、灾难性）单点故障的项目；

4）列入可靠性、安全性的关键项目，以及经可靠性、安全性分析所确定的薄弱环节；

5）可靠性、安全性关键软件项目。

复核复算项目主要审查内容如下：

1）工程设计与项目研制任务书的符合性；

2）工程设计是否符合设计准则、规范及有关标准；

3）设计与计算的正确性、完整性；

4）大型试验方案的合理性、可行性；

5）计算机软件设计的正确性和可靠性，是否符合软件工程化要求；

6）可靠性模型建立与可靠性设计措施的合理性、有效性；

7）分配可靠性、维修性指标是否得到满足并有一定的余量；

8）结构安全系数、降额系数、冗余和容错设计、优化设计等的正确性、合理性；

9）安全性、可靠性大纲和安全性、可靠性设计准则是否得到正确贯彻；

10）FMEA、最坏情况分析及采取措施是否恰当；

11）针对安全性、可靠性薄弱环节及Ⅰ、Ⅱ类单点故障模式，在设计上采取的预防措施是否正确有效；

12）环境及系统间接口对安全性、可靠性的影响；

13）对生产工艺实现过程中可能引入的降低安全性、可靠性的因素从设计上采取的措施是否正确合理。

3.2.6 质量检查确认方法

（1）适用范围和适用阶段

质量检查确认方法适用于航天工程各级产品。主要用于方案阶段、研制阶段、定型使用等阶段的后期。目前尚未查到相关参考标准。

（2）在基于时序动作分析和确认的风险管理中的作用

1）对基于时序动作分析的产品质量进行检查和确认；

2）对产品历史上曾经发生的质量问题进行检查对比、分析，识别风险源，进一步控制风险。

（3）方法简介

质量检查确认方法是指通过提供客观证据、证实规定要求已得到满足所进行的系统的、有计划的认定活动。检查表中所列都是历史上类似型号曾发生过的风险，对项目管理人员具有开阔思路、启发联想、抛砖引玉的作用，可根据型号质量问题归零报告，总结提炼风险检查表。质量检查确认方法是排查、识别风险源的有效方法。通常的质量检查确认包括设计、工艺、生产等方面的检查确认。

① 设计检查确认内容

设计检查确认内容一般包括：

1）产品设计输出满足设计输入情况，产品设计条件和涉及接口的设计文件经上级设计单位和相关单位会签确认情况；

2）设计文件的完整性，执行有关标准情况；

3）设计依据更改、补充（内容）的落实情况；

4）元器件、原材料、外协外购件选用情况；

5）沿用、借用产品与本型号有关环境、要求的适应性；

6）设计计算、分析的依据及结果的正确性，内外部接口的匹配协调性；

7）试验环境、状态与产品实际工作环境、状态的一致性及试验方案和试验结果满足设计技术要求的情况；

8）关键件、重要件的确定及其设计文件中的落实情况；

9）复核复算情况，复核复算遗留问题、待办事项落实情况；

10）技术状态更改控制情况；

11）测试覆盖性工作落实情况；

12）软件研制质量控制情况；

13）可靠性、安全性设计等工作落实情况；

14）设计评审遗留问题的解决和落实情况，工艺审查（会签）提出问题的处理情况；

15）质量问题归零及其他型号质量问题在本型号举一反三工作的落实情况；

16）质疑单内容处理的正确性。

② 工艺检查确认内容

工艺检查确认内容一般包括：

1）采用工艺的科学性、可行性；

2）工艺文件及标识、签署的完整性，与设计要求及有关规定的符合性；

3）关键工艺评审及采用的新工艺和工艺攻关成果的鉴定情况；

4）关键件、重要件工艺文件编制情况；

5）工艺评审遗留问题落实情况；

6）禁（限）用工艺执行情况，采用限用工艺的质量保证措施；

7）特种工艺（特殊过程）质量控制情况；

8）检验点设置的合理性，不可检测部位或项目工艺保证措施；

9）工艺技术状态更改控制情况。

③ 生产检查确认内容

生产检查确认内容一般包括：

1）产品质量满足设计要求情况；

2）元器件、原材料、外协外购件采购及使用情况；

3）关键件及关键、重要特性（工序）的加工记录及管理符合要求的情况；

4）超差、代料情况；

5）不合格品审理及措施落实情况；

6）焊缝质量档案建立及焊缝质量情况；

7）电子产品装联工艺、三防（防潮、防盐雾、防霉菌）措施和固封措施情况；

8）多余物控制情况；

9）生产过程的产品检验、测试、试验情况，异常现象、数据分析处理情况；

10）产品的关键及重要特性、参数的稳定性、一致性；

11）技术通知单、更改单和质疑单内容在产品上的落实情况；

12）测试覆盖性要求的落实情况；

13）配套产品验收情况，验收遗留问题落实情况；

14）质量问题归零及其他型号质量问题在本型号举一反三工作的落实情况；

15）生产、检测、试验用设备、仪器、量具贮存期、检定期符合规定情况；

16）产品证明书、产品质量履历书填写、签署符合情况及其正确性。

3.2.7 测试覆盖性分析

（1）适用范围和适用阶段

该方法适用于单机、分系统、总体在单项、专项或系统级的各类试验。主要适用于工程研制阶段的测试检查过程中。

（2）参考标准

参考标准为 QJ 20076 — 2012《卫星系统级测试覆盖性分析与检查要求》。

（3）在基于时序动作分析和确认的风险管理中的作用

1）确认测试项目覆盖产品设计任务书或技术要求等；

2）按照时序动作进行梳理，可以确认测试项目是否覆盖全面。

（4）方法简介

测试覆盖性分析是对型号产品测试检查项目覆盖产品设计任务书或技术要求规定的功能和性能指标的程度、型号产品地面试验状态满足产品实际使用测试状态的程度进行分析，识别技术风险。

在不同的研制阶段，测试覆盖性的要求和关注点也不同，具体如下所述。

1）在方案开始阶段，各单机、分系统、总体在安排单项及系统级的地面试验时，需要考虑地面试验项目设置的合理性、试验内容的充分性和试验结果的有效性。特别是系统级的大型地面试验，需借鉴成熟型号的环境条件，利用初样、试样试验结果和理论分析，对飞行环境条件逐步进行修正；同时，要尽量模拟飞行或在轨环境和充分覆盖实际飞行或在轨状态。不能覆盖的应通过理论分析和旁证试验，验证该试验的充分性和试验结果的有效性。

2）在产品设计初期，设计测试设备时要充分考虑测试的功能。同时，任务提出单位要在任务书和技术要求中明确测试的要求，并适时组织产品承制单位对任务书和技术要求中有关测试要求进行逐条复核、讨论、协调，产品承制单位要保证对任务书和测试要求的理解与任务提出单位一致。

3）单机设计在分析的基础上，要逐项列出产品出厂后测试不到和不再测试的项目，并提前向生产单位提出项目清单和要求；生产单位要按"四不到四到"要求进行分析并保证到位。

4）产品出厂前的测试项目要覆盖出厂后系统及靶场测试项目，对未覆盖的项目要列出清单，提出详细的预案和措施，并得到上一级系统的确认。

测试覆盖性分析的步骤包括：

1）确定测试覆盖性分析的依据文件，主要包括：任务书或技术要求、设计方案、试验规范或条件；

2）确定主要技术性能指标测试检查项目，列举可测试项目和不可测试项目；

3）确定测试覆盖性分析具体内容，对可测试项目和不可测试项目进行分析，同时对测试状态进行分析（适用于系统）；

4）说明测试覆盖性分析的结论。

3.2.8　试验充分性分析

（1）适用范围和适用阶段

适用于航天工程各级产品。主要用于工程研制、定型阶段。目前尚未查到相关参考标准。

（2）在基于时序动作分析和确认的风险管理中的作用

1）对基于时序动作分析的飞行试验考核情况是否充分进行分析；

2）对基于时序动作分析的地面试验考核情况是否充分进行分析。

（3）方法简介

试验充分性分析是型号产品独特的一种分析方法。从方案阶段开始，型号产品各单机、分系统、总体在安排单项及系统级的地面试验时，充分考虑地面试验项目设置的合理性和全面性、试验内容的充分性和试验结果的有效性。特别是系统级大型地面试验，要求地面试验的状态与飞行的状态一致，覆盖型号实际的工况和环境条件，确实无法通过实物试验来验证、覆盖的项目，通过分析、仿真试验和旁证等措施来保证，从而降低未吃透技术的风险。因此试验充分性分析方法是指分析型号试验项目设置是否合理、试验内容是否充分、试验结果是否有效的方法，确保地面试验与型号实际的状态一致，能够覆盖型号实际的工况和环境条件。

试验充分性分析的具体步骤如下：

1）电气系统单机产品应满足飞行环境条件要求，即地面试验应覆盖系统给出的单机产品环境条件，未达到技术条件规定的单机必须补充完成相关试验。

2）对发动机、机械产品、结构部件、火工装置等产品，地面试验的状态和飞行或在轨工作状态应保持一致；地面试验应覆盖飞行或在轨工况和系统给出的环境条件，确实无法覆盖的应通过分析、试验和旁证保证。

3）分系统验收前的地面试验应覆盖飞行或在轨状态，确实无法覆盖的应通过分析、试验和旁证保证。

4）全系统的地面试验应覆盖飞行或在轨状态，不能覆盖的应详细列出不能覆盖的项目清单，并有明确的结论。

5）A、B级软件出厂前应完成独立确认测试，并对确认测试结果进行严格审查；确实不具备条件进行独立确认检测试验的软件，应分析系统测试和代码走查对软件考核的有效性和充分性。

3.2.9　数据差异性分析

（1）适用范围和适用阶段

适用于航天工程各级产品。主要用于方案、工程研制、定型阶段。目前尚未查到相关参考标准。

（2）在基于时序动作分析和确认的风险管理中的作用

通过对基于时序动作分析方法获得的产品设计、试验等各类数据，进行比对分析，识别并消除相应的技术风险。

（3）方法简介

数据差异性分析基于不断收集、整理的以往产品试验、测试、验收等各类数据，逐步建立并不断完善同类状态产品的技术指标数据库，结合目标风险分析项目对其产品质量与可靠性的数据差异性进行定量比对分析与评价的一种方法。数据差异性分析是指对产品检测数据进行纵向和横向的比对分析过程。横向是同类产品同一指标的比对，纵向是同一产品历史数据的比对。

通过对产品技术指标、测试数据的统计、分析，将目标分析项目与其进行差异性分析，给出产品实物质量风险的识别和评价（见表3-4），从而控制型号产品参数的离散和偏差，掌握产品实际质量状况，积累可靠性评价数据，为确保型号飞行试验成功奠定基础。

表 3-4　检测数据差异性分析统计表

产品名称	产品编号/图号	所属系统	技术指标名称	技术指标要求值	产品实测值	历史数据			结论
						平均值	离散系数或方差	子样数	

注：结论用"√""—""×"表示，"√"表示优于参照指标；"—"表示与参照指标相当；"×"表示比参照指标差或超差。

通过数据差异性分析与控制方法的实施，可以比对当前产品与同类状态产品以及历史数据之间的差异。理论上认为，差异越小，则其与同类状态或历史状态越接近。如果历史或者同类产品是成功的，则认为当前产品成功的可能性较大，相应的风险较低。如果某些数值偏差较大，则应当认为这些数据可能是风险源，需要进行严格的排查，给出风险应对措施。

3.2.10　成功数据包络线分析

（1）适用范围和适用阶段

成功数据包络线分析适用于航天工程各级产品。主要用于工程研制阶段。目前尚未查到相关参考标准。

（2）在基于时序动作分析和确认的风险管理中的作用

对基于时序动作分析的设计、试验环节适应性等数据的范围进行分析比对，查找风险源和风险隐患，从而降低技术风险。

（3）方法简介

成功数据包络线分析是将待分析产品数据与对应的包络范围进行比对，判定待分析产品数据是否落在包络范围内，得到待分析产品数据包络状况，评估产品是否满足执行任务能力的分析方法。成功数据包络线分析比对当前产品数据与成功数据之间的"接近"程度，理论上认为，越接近，则成功的可能性越大，反之则风险越大。对于超出包络范围的数据，应当将其标记为风险源，进行严格排查，给出应对措施。

成功数据包络线分析主要步骤如下：

1）确定关键产品及参数：通过产品对任务的影响分析等工作，确定开展包络分析的关键系统和产品及关键参数，作为分析对象；

2）确定包络分析范围：统计历次飞行（或试验）成功的产品参数的实测值，利用统计方法等找出数据上、下边界，同时画出曲线，形成成功数据包络范围；

3）开展确认和分析，将参加飞行任务产品的各项参数的实测值与成功数据包络范围进行逐一比对，画出曲线看趋势，分析数据是否在成功数据包络范围内，同时确认产品的质量表征趋势；

4）针对超差或超出包络范围的参数，尤其是"超差、不包络"的数据，逐一进行风险分析，根据分析结果，采取应对措施。

3.3　技术风险管理的其他方法

表 3-1 中其他常用的风险管理支撑性技术方法，也可用于支持基于时序动作分析和确认的风险管理，但是紧密相关性不及前十种，本节简要介绍其他部分风险管理的方法。

（1）"九新"分析

"九新"分析是对型号研制过程中所涉及的"九新"问题，即对新技术、新材料、新工艺、新状态、新环境、新单位、新岗位、新人员、新设备等对照型号的具体情况进行深入分析，识别各类风险源。

（2）关键特性识别

产品的关键特性包括设计关键特性、工艺关键特性和过程控制关键特性。三类关键特性的识别分别围绕产品设计、工艺、过程控制三个环节中的潜在风险和不确定因素，并在产品实现过程中逐步改善或消除，使其在可接受范围内。

设计关键特性识别围绕产品任务书中的任务要求转化为产品各类设计指标的过程，通过对设计流程的梳理，利用相关的分析手段，按照指标要求逐级分解的思路，主要从产品和部（组）件两个层面，识别出需要在产品设计过程中重点加以关注和验证的关键技术指标。工艺关键特性识别围绕产品设计指标转化为工艺控制要求的过程，通过对产品实现全过程的工艺方法、条件及手段梳理，识别出需在产品工艺设计过程中重点加以确定和验证的关键工艺控制环节。过程控制关键特性识别围绕产品生产实现全过程，利用相关的分析手段，按照产品逐级系统集成的思想，识别出需在产品生产实现过程中重点加以控制的关键指标、确定和验证的关键工艺控制环节。

（3）关键项目管理

通过识别型号产品中可能导致任务失败或重要功能、性能不能满足要求，造成重大经济损失和严重影响研制进度的关键项目，确定和实施消除或降低风险发生的有效措施，并对有关措施的实施结果和有效性进行确认，保证型号任务的圆满完成。在初样设计阶段，针对确定的关键项目，分别制定详细的过程控制措施，随同关键项目清单进行评审和上报。在正样设计阶段，由型号项目办组织，各级产品承制单位根据确定的正样关键项目和初样研制过程相关控制措施实施情况，对各项目的控制措施进行修订、完善，项目办进行汇总、确认。对有明显差异的项目，进一步分析其产生的原因，分析其对型号任务的影响，制定应对措施，降低其风险，明确其强制检验点。各级产品研制单位应将关键项目及其控制措施纳入型号研制技术和计划流程进行管理。

（4）查找文档法

通过对型号相关的所有文档，包括研制计划、方案、前期文档及相关资料等进行审查，从而找出可能存在的风险因素的方法。型号的各种计划，以及这些计划执行的连续性都有可能揭示出可能存在的风险。

（5）头脑风暴法

以项目团队成员的创造性思维来获取对型号风险信息的一种直观预测和识别方法。

（6）德尔菲法

为进行风险预测和识别，组织适当数量专家建立直接的函询联系，通过反复函询收集专家意见，确定技术型号风险的方法。

（7）面谈法（会议法）

与经验丰富的型号研制相关专家面谈或组织会议交流，是一种很有效的风险识别方法。同时，也是一条非常有效的数据收集途径。与不同的型号相关人员而谈，有助于发现那些在常规计划中未被识别的风险。

（8）根原因确认法

对型号风险根本原因进行质询，将可能导致风险的原因尽可能详细化，一旦某一风险的根本原因已经确认清楚，即应采取有效的应对措施。

（9）SWOT 分析法

通过分析型号的优势、劣势、机会、威胁，确认型号的技术风险可能会来源于何处，该方法是一种进行战略决策的分析方法。

（10）情景分析法

通过有关数字、图表和曲线等，对型号未来的某个状态或某种情况进行详细的描绘和分析，从而识别出引起型号风险的关键因素及其影响程度的一种风险识别方法。

（11）基于产品结构的风险识别

通过型号任务分析、功能分析，结合产品自身的结构及其工作分解结构识别由于产品自身特点而存在的风险，典型的例子就是产品的单点故障模式。

（12）过程风险评估

用于评估（识别、分析）型号研制过程引发的技术风险，可以弄清研制过程中的主要风险源，并利用基本的工程原理和以往的成功经验来降低技术风险。

（13）型号文档风险识别

型号的文件和计划有着内在联系和完整的结构层次。一份技术文件的内容如与其他文件既无因果关系，又无相互支持关系，就将其视为有风险的技术文件。该技术可用于项目研制的任何阶段。

第4章 时序动作分析和确认方法应用举例

本章给出了时序动作分析和确认方法在导弹、运载火箭上的应用举例,其中在导弹上的应用举例是针对导弹飞行全过程的,而运载火箭的应用举例主要是利用该方法分析全箭时序、接口匹配性,属于裁剪使用。

4.1 导弹飞行过程案例

本部分主要以某型导弹在研制后期试样阶段飞行试验前开展的,以确保飞行试验成功为目标的,针对导弹飞行全过程的时序动作分析和确认为例,介绍基于时序动作分析和确认的技术风险管理方法在工程上的应用实践情况。

4.1.1 工程背景

本例涉及的导弹为三级导弹,在时段划分上,主要考虑导弹自身状态变化以及外部环境的状态变化,将导弹整个飞行过程分为弹射点火、发射筒中运动、水下和出水运动、出水后弹射、一级飞行、二级飞行、三级飞行、末修级飞行、末修舱级飞行、弹头自由飞行与再入共计10个时段,针对每个时段,以时序图为依据,梳理了各个时段内导弹所执行的各项时序指令和产品动作,编写了各个时段的飞行时序动作分析和确认表格,并按照时序动作确认工作的流程对表格进行了填写,以时序动作分析和确认表格为载体,对时序动作的输入输出、设计指标、试验验证、可靠性措施、环境适应性进行了全面确认,最终得到了导弹从设计要求、设计结果到飞行实现能够完整闭合的推演分析结论,最终飞行试验也取得了圆满成功。

该导弹飞行试验的时序动作分析和确认工作共确认了弹上全部的 33 个火工品时序动作和 21 个软指令动作,确认项目共计 596 项。最终针对划分的 10 个时段形成了 10 个飞行时序动作分析和确认表格,近 300 页、20 万字的时序动作分析和确认报告。

受篇幅限制,本例节选针对导弹出水后尾罩分离动作进行介绍,该尾罩分离为旋抛方案。尾罩和弹体通过爆炸螺栓连接,当弹尾出水高度达到设计要求后,控制系统发出尾罩分离指令,利用非电传爆系统,实现爆炸螺栓解锁、尾段推力装置的点火,在推力装置推力的作用下,尾罩铰链结构开始旋转运动,当尾罩和弹体旋抛张开角度约 α_1 时,分离火箭触发工作,加速旋转,当尾罩和弹体旋转张角达到约 α_2 后,铰链脱销解锁,尾罩和弹体分离,时序和动作示意图如图 4-1 所示。

4.1.2 尾罩分离时序动作分析和确认

4.1.2.1 策划

策划时,首先明确了本次工作的侧重点主要是对照设计方案和设计指标,分析设计实

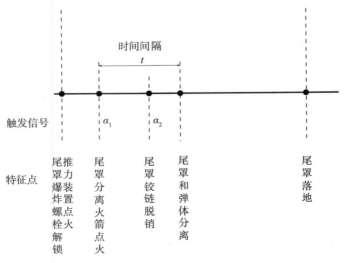

图 4 - 1   尾罩分离时序和动作示意图

现的正确性与裕度、系统的匹配性和可靠性、产品各项技术指标验证的充分性等。

同时，策划过程中需要将时序动作分析和确认工作与飞行试验其他质量检查确认活动整体策划，在各系统首先完成自身质量检查确认活动、型号专题质量检查确认活动的基础上，通过针对全系统的飞行时序动作确认工作将全系统有机结合、将各项质量检查活动串联融合，最终确保飞行成功。

4.1.2.2 时段划分与确认环节梳理

本例尾罩分离事件属于出水后弹射段。

在明确时段划分后，需要依据产品时序进行动作梳理，在完成动作梳理后，需要对设计要素进行分析。尾罩分离设计要素分析图如图 4 - 2 所示。

通过时序和动作关键环节设计要素分析，能够相对全面地将设计意图、产品、环境等各环节与动作的关联性进行明确，为后续时序动作分析和确认提供支撑。

在上述工作的基础上，可以梳理列出时序动作分析和确认的动作项目。本例尾罩分离需要分析确认的动作包括：尾罩分离时序配电输出、电爆管起爆、分离非电传爆系统工作和分离爆炸螺栓解锁、尾罩分离推力装置工作、尾罩分插拔脱、尾罩分离火箭点火、尾罩分离结构正常工作、尾罩与弹体解锁、尾罩分离边界正常等部分。

在明确时序动作分析和确认的动作项目后，就可以按照统一格式编写飞行时序动作分析和确认表格，见表 4 - 1。

表 4-1 尾罩分离段飞行时序动作分析和确认表

飞行动作	动作输入	输出分析	设计指标	设计情况分析	飞行试验考核情况分析	地面试验考核情况分析	工程及设计可靠性保证措施	产生的环境及其相关设备适应性分析	复核复算和专题审查情况	人员保证
尾罩与弹体分离	1) 分离环境条件; 2) 弹体质量特性参数; 3) 弹体结构及弹分布参数; 4) 分离干扰量; 5) 分离距离要求	尾罩和弹体正常分离	1) 确保尾罩在一定相对行程以上分离,并充分考虑底部冲击力对尾罩的影响,尾罩分离时弹尾距海面高度为 16 m(诸元值); 2) 尾罩分离期间两体不允许发生分离干涉; 3) 尾罩分离时序的设计应满足控制系统及 I 级火箭建压时间的设计要求; 4) 尾罩分离后满足平台的要求,尾罩落地后发射中心线距离不小于×× m; 5) 尾罩内的仪器设备安装结构和发射支架应适应总体环境条件	根据通气后的 1:1 试验结果,尾罩分离时不存在底部冲击力作用。 1) 低速设计工况下偏差下,尾罩旋抛距离为×××m,××s 时的角度为×××°,满足尾罩分离设计要求; 2) 中速发射工况下,尾罩旋抛距离为×××m,至 I 级发动机喷抛时(即尾罩分离后距离××s)尾罩旋抛角度为×××°,满足尾罩分离可适应; 3) 根据单因素影响分析结果,尾罩姿态、弹体姿态、风场、弹体质量的变化,一定范围内弹火箭、其他阻力、分离质量的变化,推力变化,给出分离装置、分离火箭位置; 4) 经有限元分析和地面试验,给出了尾罩旋抛分离过程及其壳体变形量和分离环境条件,仪器设备及其壳体结构和安装支架经实物模装和地面试验验证,满足要求	尾罩分离时序经飞行试验考核	缩比模型尾罩通力测量试验;经弹道状态地面分离试验考核	1) 分离距离采用裕度设计,覆盖需求; 2) 尾罩分离时序同以往发射工况; 通过以往飞行试验考核; 3) 尾罩分离方案和×试验地面分离试验×试验考核	1) 时序适应性调整; 2) 尾段设备需内开展防热防水设计	尾罩旋抛分离设计专题审查	

续表

飞行动作	动作输入	输出分析	设计指标	设计情况分析	飞行试验考核情况分析	地面试验考核情况分析	工程及设计可靠性保证措施	产生的环境及其相关适应性分析	复核复算和专题审查情况	人员保证
尾罩分离时序配电输出	时序诸元要求；电气接口要求；平台频标输出正常；平台加速度表输出正常	弹上计算机以人位综合控制器II，时序宽度400 ms	1) 导弹弹射点火后，通过平台对Y加速度表输出进行二次积分，并与射前装订的发射选行计算，当高度≥××m（诸元）时，发出尾罩分离指令； 2) 根据时间备保判据，弹上出简后由计算机延时发出尾罩分离保险指令； 3) 除弹上计算机时序指令外，安控器在"出简"指令后延时××s发尾罩分离信号，再延时××s行程保I级发动机点火指令	1) 为了提高一级起控裕度，尾罩分离时序对行程裕度，××弹相对行程冗余元为相同××弹，经计算可满足尾罩分离要求； 2) 根据不同工况下发射工况下的弹道特性参数，××发射不同工况下，达到尾罩分离判据对行程判据最晚时因为导弹出简后同为××s，考虑各项测量偏差偏晚等因素，对弹上计算尾罩分离时序进行适应性调整； 3) 平台××kHz频标正常，实现情况同水下段和出水段； 4) 弹上加表输出正常： X，Y，Z加表均为正负两路正极性脉冲输出，负载阻抗≥2 kΩ，其波形参数如下： a)X，Y加表：幅值8～12 V（最大峰值<16 V）；当量程15 g；脉宽，顶宽2～5 μs（8 V处）；量量脉冲宽度（500±20）个/s·g_0 b)Z加表：幅值8～12 V（最大峰值<16 V）；脉宽，顶宽2～5 μs（8 V处）；量量冲宽度（5 000±500）个/s·g_0 5) 弹上加表信号接收正常： 参照4K45-2任务书有关加速度表输入接口波形信号：U_m>7.6 V，ΔV_1<16 V，ΔV_2<3 V，ΔV_3<10.5 V； 6) 飞行控制软件确认调姿火条件后，开始判断尾罩分离至××s行程判据是否满足火条件后，开始判据判仍不满足飞行要求，如果导弹断尾罩分离至××s行程发出时序发出宽度200 ms	经××飞行试验考核	1) 尾罩分离方案通过专家审查和复核复算； 2) 平台通过系统综合筛选验收，试验； 通过控制系统综合试验，匹配出试验和厂测试考核； 3) 通过电磁兼容试验，综合试验和厂测试考核； 4) 飞行控制软件通过单元测试，第三方回归	1) 完善焊接装配工艺，装配前严格清洗零组件，控制多余物产生； 2) 所有元器件下厂验收、单板、整机按技术条件完成相应工作； 3) 导电滑环，连接采用双点双线； 4) 输せ装置采用改进后的九根结构了十二根结构； 双点双线双点冗余设计； 6) 降额设计，元器件工作应力I级降额； 7) 加速度信号输入加滤波电容，特门电路对输入信号波形进行整形； 8) 射前进行整形的人工判断，确保发射条件满足飞行试验大纲要求；	无		

续表

飞行动作	动作输入	输出分析	设计指标	设计情况分析	飞行试验考核情况分析	地面试验考核情况分析	工程及设计可靠性保证措施	产生的环境及其相关设备适应性分析	复核复算和专题审查情况	人员保证
尾罩分离时序配电输出				7) 安控器在收到弹射点火信号并进行确认后,将安控器零位指示清除,同时出筒信号,确认出筒信号,确认出筒信号,延时××s 开始检测出筒分离时序,延时××s 发出尾罩分离时序,再延时××s 发出 I 级发动机点火时序		测试等考核,并通过出厂测试考核	9) 时序控制模块设计时将固定时序和浮动时序统一在一个时序表中,只使用一个时序指针,从数据结构上杜绝浮动,固定可能出现次序混乱,提高可靠性			
电爆管起爆	综合控制器 II 接收到弹上计算机发出的人位信号为:WF1、WF2,型号为:YQ13-0802T K2,火工品正常工作	综合控制器 II 进行译码后控制固态继电器接通,尾罩分离火工品电池工作正常	1) 尾罩分离用非电传爆引爆××个分离爆栓,采用 2 个 FSJ2-23B 电发火器; 2) 控制系统电缆插头的代号为:WF1、WF2,型号为:YQ13-0802T K2,插头座在 I 级尾段; 3) 点火电流大于 5.5 A	1) 控制系统发火电流,点火器 FSJ2-23B 电发火器,点火电流大于 5.5 A; 2) 单桥火工品电阻值最大为 1.27 Ω,限流电阻值为 2.7 Ω,控制系统电池可提供最小电压为 25.5 V,因此,引爆控制系统电流最小为 6.5 A,而火工品最小点火电流为 5 A	经××飞行试验考核	通过综合匹配试验,出厂测试考核	双点双线,点火电流要求大于 5.5 A,有余量,(标准为 5 A)	控制系统对电爆管起爆后状态的适应性分析 同上	无	

续表

飞行动作	动作输入	输出分析	设计指标	设计情况分析	飞行试验考核情况分析	地面试验考核情况分析	工程及设计可靠性保证措施	产生的环境及其相关设备适应性分析	复核复算和专题审查情况	人员保证
分离非电传爆工作系统和爆炸螺栓解锁	分离解锁装置性能设计要求、非电传爆系统爆炸、导爆索的研制要求	尾罩和弹体分离解锁	1) 单桥带电爆管每桥通以5.5 A电流,作用时间应不大于50 ms; 2) 每个桥路通以最小1 W的相应功率最小时,在直流电时,在5 min内不应发火; 3) 非电传爆导爆索爆速 ≥××m/s; 4) 从电爆管通电到爆炸螺栓解锁的时间; 5) 非电传爆炸螺栓解锁不大于10 ms; 5) 爆炸螺栓的解锁同步时间要<5 ms; 6) 爆炸螺栓冲击量 ≤××N·s,上弹6个爆炸螺栓冲量偏差 ΔI_b ≤××N·s; 7) 推力装置建推时间 ≤××ms;	1) 尾罩分离采用非电传爆系统完成尾罩爆炸螺栓解锁和推力装置工作;选用FSJ2-23B电爆管,点火电流和发火时间同满足输入要求。输出能量将皮管引爆; 2) ××弹尾罩分离非电火工系统中2×8股导爆索组件为1 203批产品,尾罩非电爆管为1 203组件...均为新批次产品,均为新批次产品。根据批验收试验; 3) 单桥带电爆管每桥通电以5 A电流,作用时间实测××~××m/s; 4) 1A,1W,5 min不发火; 5) 实测非电传爆导爆索爆速>××m/s; 6) 尾罩爆炸螺栓从通电到爆炸螺栓分离的时间同为××~××ms; 7) 本批爆炸螺栓冲击量为××N·s; 8) 推力装置建推时间××~××ms;建推至峰值推力时间××~××ms; 9) 根据分析和计算结果,推力装置建推不会对爆炸螺栓产生影响,为了验证建推××kN、××kN和××kN三种工作条件下的尾罩爆炸螺栓解锁试验,爆炸螺栓解锁正常	经××飞行试验考核	完成四倍传爆间隙同爆管和皮管大药量强度试验;完成产品设计定型鉴定试验通过环境试验原理性、JMC状态和遥测状态弹尾分离地面试验考核	1) 尾罩分离火工系统采用双冗余设计,提高系统可靠性; 2) 经统计该产品共参见330发产品,均未出现分离锁功能失效的故障现象; 3) 电起爆器累计试验3 000发以上,非电爆管试验设计上采用2个电爆管联并起爆; 4) 非电传爆环节通过原理性、各传爆环节爆速试验、各环节强度试验通过120%药量强度裕度试验,经计算各环节的强度预估值可靠性为0.999 9,置信度0.95; 5) 爆炸试验、试验结果分离带载分离试验结果满足设计要求	爆炸螺栓产生冲击环境,环境适应性专题报告见;控制电管对起爆后状态适应性分析系统 同上	尾罩非分离电系统通过692厂级复核复算和专题审查	

续表

飞行动作	动作输入	输出分析	设计指标	设计情况分析	飞行试验考核情况分析	地面试验考核情况分析	工程及设计可靠性保证措施	产生的环境及其相关设备适应性分析	复核复算和专题审查情况	人员保证
尾罩分离推力装置工作	推力装置设计要求、生产要求、装配要求	提供分离冲量，两体分开	1）推力装置为两台，安装在Ⅰ级尾段Ⅳ象限两侧各15°，每个推力装置平均推力（××±×××）kN； 2）每个推力装置有效冲程为 $\times\times^{+0.3}_{0}$ mm； 3）推力装置建推时间不大于5 ms； 4）建推至峰推时间不大于10 ms； 5）推力装置建推时间不大于10 ms； 6）推力装置峰值推力在有效冲程范围内不大于×××kN； 7）工作时间不大于×ms； 8）装置安装过程中应备有防松的手段	1）推力装置能借鉴××两种产品的研制成果，其输出性能经过地面试验及弹射试验考核； 2）推力装置设计鉴定地面试验设计鉴定试验一共抽取27套进行，进行了温度/湿度/高度，冲击，振动，过载，盐雾，霉菌，颠簸，低和常温发火试验； 3）本次推力装置××为1 402批，批验收数据均满足设计指标要求； 4）推力装置上增加压板防止推力装置大螺纹防松的紧固件打保险； 5）封头与活塞筒螺纹涂厌氧胶防松。	经××飞行试验考核	通过验收批试验；通过三次尾罩抛旋地分离试验面试验考核	1）推力装置设计上借鉴HgQT305-XT和DT15-41两种产品的研制成果； 2）按火工分离装置相关规范和标准进行裕度设计和试验考核 3）生产和验收对影响产品性能的关键尺寸和相关键工序严格控制其生产质量	经过系统级试验考核，相关设备应能适应推力装置所产生的环境	完成了全级复核与复算；分离铰链结构一起完成了部级评审专题	

续表

飞行动作	动作输入	输出分析	设计指标	设计情况分析	飞行试验考核情况分析	地面试验考核情况分析	工程及设计可靠性保证措施	产生的环境及其相关设备适应性分析	复核复算和专题审查情况	人员保证
尾罩分插拔脱	分插拔脱要求	尾罩分插解锁分离	1)尾罩遥测分插能够实现正常带电的机械解锁; 2)尾罩控制分插具有机械解锁的功能; 3)尾罩分插钢索松池量为××mm; 4)尾罩分插满足带速分离解锁要求,YF01分插机械解锁为7 m/s,YF01分插机械解锁应大于×××N;JFC分插机械解锁力不大于×××N	1)分离速度要求覆盖尾罩和弹体的最快分离速度,并考虑一定余量; 2)对应分离距离30 mm时,分离速度不大于7 m/s; 3)分插的静态解锁力不大于200 N,其中分插内部钢球锁的解锁力为××N; 4)JFC分插分插连接结构通过7 m/s带速分离解锁试验考核; 5)遥测尾罩系统联合试验验证了分插满足带速分离要求,YF01分插机械解锁为YSF1B-72型水下弹射电连接器,根据分插速度下的分离解锁试验结果,分插的机械解锁力×N,满足要求; 6)机械起爆锁内部钢球解锁,引爆主装药,为了满足水下弹射环境要求,在机械起爆器上安装了满足水下弹射解锁冲击的结果,机械起爆器能满足面环境试验和技术试验环境要求; 7)分插安装结构的适应性分析: a)YF01和JFC分插的机械解锁力; a)YF01,远大于分插的机械解锁力,远大于420 N拉解锁要求; b)JFC分插分离钢索螺杆与钢丝绳压接后100%进行420 N拉伸检查,批抽检分插钢索拉伸破坏环载荷不小于1 400 N,全部满足要求; c)分离钢索中S钩采用不锈钢丝缠绕其中部防松,提高承载能力; d)根据分插的机械解锁力,满足要求,安全系数1.5; e)为保证钢缆绳压接质量,对产品进行拉伸试验验证检查。 8)分插钢索松池量和控制分离钢索松池量××~××mm,调节时要求上限××mm,并要求两个分插钢索松池量一致,并要求分离钢索松池量大于分离钢索支架和弹体结构在发射和飞行期间在轴向产生的变形,并留有一定的余量	经飞行试验考核	1)通过分插带速分离试验考核; 2)钢索拉伸和剪切试验考核点,钢丝结构,带速满足覆盖能够试验速度7 m/s,和分离试验度; 3)分插带速分离试验工况	1)余量设计; 2)通过地面分离试验和飞行试验考核; 3)分离速度有一定裕度; 4)使用过程中严格控制分离次数,保证分插机械寿命; 5)JFC分插钢索剩余强度系数1.17,YF01分插钢索剩余强度系数2.33; 6)YF01分离钢索钢丝绳直径由××mm增加为××mm,最小拉断载荷从×××kN提高至××kN;经遥测抛首抛飞行试验验证; 7)海态遥二,三发××弹钢索松量7~9 mm满足要求,在此基础上,松池量调整至××mm,适当增加钢索松量; 8)地面测试状态覆盖	1)经确认,对机械解锁功能无影响; 2)将分插作为分离钢索支架的设计要求; 3)分插电缆和池量和松池量位于分离松池量大于分离钢索的松池量	分离系统设计复算专项审查	

续表

飞行动作	动作输入	输出分析	设计指标	设计情况分析	飞行试验考核情况分析	地面试验考核情况分析	工程及设计可靠性保证措施	产生的环境及其相关设备适应性分析	复核复算和专题审查情况	人员保证
尾罩分离火箭点火	机械起爆器设计要求，尾罩分离火箭点火设计要求	机械起爆器工作，分离火箭点火正常，提供分离力，两体分开	1）4LF16-2 尾罩分离火箭点火非电传爆系统，从机械起爆器堵片打开时间不大于××ms； 2）尾罩分离火箭： 工作时间：(××±××)ms； 平均推力：(××±××)kN； 峰值推力不大于××)kN； 堵片打开时间不大于××ms	1）通过机械起爆器分离钢索松池量控制点火时机，明确松池量调节要求：靠近Ⅱ象限为29 mm，靠近Ⅰ象限为35 mm。尾罩松池量××°时旋转至××°时钢索拉直，长度为114±3 mm；分离钢索和接头破坏载荷不小于1 000 N； 2）机械起爆器 HgQB-2A 与检弹同批，为1 202批，工作到分离火箭建推时间实测××～××ms； 3）××弹所使用的1 301批分离火箭按照要求完成了批验收试验，常温发火数据： a）工作时间：××～××ms； b）平均推力：××～××kN； c）峰值推力：××～××kN； d）堵片打开时间：××～××ms	经××飞行试验考核	1）经电系统非电系统设计定型鉴定验证；三次尾面分地试验考核； 2）经尾面地试验考核； 3）每批产品均进行批次验收试验； 4）经××飞××行试验考核	1）系统采用双冗余起爆设计，提高系统可靠性； 2）药柱线100%进行射线无损检测； 3）火箭壳体发生接螺纹强度过复核复算； 4）产品研制过程中进行壳体破坏压力，水压强度、磁力探伤合格； 5）喷管焊接件进行25 MPa液压强度试验验证合格	机械起爆器拔销力控制在允许范围内 尾罩遥测单机经地面试验验证和JMC弹射试验验证考核	尾罩仪器电缆安装设计复核复算 无	

续表

飞行动作	动作输入	输出分析	设计指标	设计情况分析	飞行试验考核情况分析	地面试验考核情况分析	工程及设计可靠性保证措施	产生的环境及其相关设备适应性分析	复核复算和专题审查复核情况	人员保证
尾罩分离结构正常工作	抗剪销设计要求、尾部弹体内仪器设备的固定要求	尾罩两分离体初始导向正常，结构正常	1) 尾段和尾罩分离面之间设计抗剪销承受剪切力，需保证正常分离； 2) 在Ⅰ级尾段下端面设置2个柱销和5个椎销； 3) 尾罩分离期间，抗剪销不应发生破坏，不应发生卡滞现象； 4) 尾罩分离活动物而影响弹内设备的正常工作； 5) 尾罩应确保爆炸不会回弹至螺栓后应确保孔而影响分离	1) 使用工程方法进行保守计算，即仅Ⅰ、Ⅲ象限两个销子承受载荷，在最大径向力工况下抗剪销受剪切应力×××MPa，小于销子的剪切强度（不小于×××MPa）；最小测余强度系数不小于1.23； 2) 根据尾罩分离受力情况，完成了不同偏差组合工况下尾段抗剪销爆炸动力学仿真分析。根据计算结果，抗剪销根部所受最大应力不大于×××MPa，小于材料屈服强度（≥××MPa）； 3) Ⅰ级尾段爆炸螺栓盒带有盖板，能够防止多余物飞出； 4) 盒底部安装斜垫后可确保解锁后有余物分离； 5) 通过爆炸螺栓解锁后真运动仿真分析，螺栓解锁后不会回弹至螺栓孔	经××飞行试验考核	1) 经地面分离试验以及尾罩、尾段地面静力试验考核； 2) 尾罩1:1地面分离试验	1) 采用裕度设计，保证一定的剩余强度。 2) 裕度设计结果经爆炸螺栓解锁冲撞动运动仿真验证和地面试验验证	无	部级专题审查和室级复算	

续表

飞行动作	动作输入分析	输出分析	设计指标	设计情况分析	飞行试验考核情况分析	地面试验考核情况分析	工程及设计可靠性保证措施	产生的环境及其相关设备适应性分析	复核复算和专题审查情况	人员保证
尾罩与弹体解锁	铰链设计要求	尾罩达到 α_2 时防止脱销,铰链结构不会破坏	1)尾罩旋转未到××°时防止尾罩提前脱落,尾罩旋转到达××°时,铰链解锁脱钩; 2)铰链设计载荷为×× kN	1)限位铰链用于防止尾罩在分离过程中由于振动、变形提前脱落,当尾罩旋转角度达到约××后,限位铰链的防脱落约束解除,可确保尾罩在离心力作用下与尾段脱开; 2)铰链结构全部采用××材料,局部加强设计; 3)有限元分析结果表明,Ⅰ级尾段完体与铰链连接孔局部区域采用Ⅰ级尾段进入塑性,最大等效塑性应变为1.53%,出现孔局部区域在干螺栓孔边缘而引起,结构没有进入屈服,除铰链安装位置干螺栓孔边缘,其余部位的结构应力在××MPa以下。尾罩铰链安装部位,尾罩上其余部位应力在××MPa以下,尾罩安装部位局部区域应力在××MPa,最大塑性应变为××%,强度满足设计要求; 4)尾段和尾段铰链安装处剩余强度试验(含铰链)结果表明,在尾罩地面试验中,利用抽检检测状态的产品,试验载荷加载至×× kN,破坏形式为尾体端框部断裂,铰链结构及连接螺钉完好,经计算剩余强度系数为1.43,满足设计载荷要求。Ⅰ级尾罩尾段强度安装试验系数为2.02,试验载荷	经××飞行试验考核	经尾罩解锁验证、三次地面分离试验和静力试验考核	1)结构强度设计上取安全系数1.4,严格控制生产质量; 2)对原材料性能以及关键尺寸作为关注特性进行控制; 3)铰链结构装配调整进行实物确认	分离铰链结构承载正常,保证尾罩达到××°状态正常解锁	部级复核复算和院级专题审查	

续表

飞行动作	动作输入	输出分析	设计指标	设计情况分析	飞行试验考核情况分析	地面试验考核情况分析	工程及设计可靠性保证措施	产生的环境及其相关设备适应性分析	复核复算和专题审查情况	人员保证
尾罩分离边界正常	仪器电缆安装边界要求	分离运动不干涉尾罩正常分离	1）尾段上的仪器设备伸入尾罩内的部分与尾罩上端面内缘和内部仪器设备的安装同隙应满足尾罩旋转抛过程中的运动边界要求，并可适应边可能出现的弹体结构变形；2）要求尾罩分插后在尾罩旋转抛过程中不能与发动机喷管发生运动干涉；3）××装置尾罩上端框轴向距离最小于 15 mm，××装置（含电缆及底座）的外形包络小于 φ760 mm 圆柱和（φ760 mm + φ435 mm）×335 mm 圆台组合体；4）由于尾罩分离过程中和尾罩落入海水后，要求Ⅰ级尾段和尾罩或结构上有防溅水的能力；5）Ⅰ级滚控喷管径向同隙大于××mm；6）Ⅰ级滚控喷管爆炸螺栓同隙大于××mm；7）伺服油管接头与尾段后框同隙大于××mm；8）伺服燃气源管路与尾段后框同隙大于××mm	经分离专业和仪器电缆安装专业在总装厂和靶场现场检查确认：1）尾罩分插过程中有径向线及电缆外缘（插接后），在尾罩分插过程的安装同隙中不能与发动机喷管发生运动干涉；2）Ⅰ级尾段 4k91-2 等单机安装防热套，C11-7A 等单机包一层高温绝热布；3）JFC 和 YF01 插头与 YF01 捕头两侧限位钢索松弛量一致，都为××～××mm；4）漂浮装置底座爆炸引爆接头突出高度为××mm；5）Ⅰ级滚控喷管与尾罩内壁径向同隙Ⅰ象限××mm，Ⅲ象限××mm；6）伺服油管接头与尾段分离面低压油管后框同隙××mm；7）Ⅰ级伺服线支架处分离尾段火箭机械起爆器拉线支架处静态同隙××mm	无	经弹状态尾罩旋抛分离地面试验和实物模装试验验证	1）经总装和靶场实物状态检查确认；2）外包络经过 JFC，YF01 分插和机械起爆器用起爆钢索实物轨迹复查确认；3）分离距离保证尾罩不会与仪器设备和发动机发生干涉；4）尾罩和Ⅰ级尾段仪器设备防护措施满足要求	无	分离设计通过部级复核复算和院级专题审查	

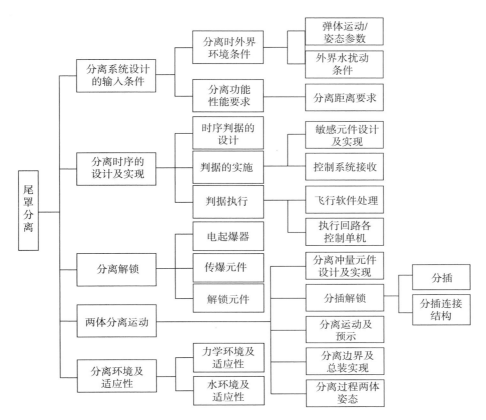

图 4 - 2　尾罩分离时序和动作关键环节设计要素示意图

4.1.2.3　动作输入与输出分析

动作输入（含工作环境）、输出（响应）分析主要是在分析项目梳理的基础上进一步细化明确针对该分析项目的输入条件、设计意图、输出响应及相关的设计指标体系，列出相关的条目，为后续设计闭环分析提供基础。

每个动作均有各自的输入与输出，就本例来说，如下所示。

1）尾罩与弹体分离动作的输入（含工作环境）条件主要包括：分离环境条件、分离时序、弹体出水姿态、尾涌水环境、分离气动力、分离风场、弹体质量特性参数、弹体结构及布局参数、分离干扰量、分离距离要求等。

输出（响应）分析的主要内容为尾罩和弹体正常分离。

2）尾罩分离时序配电输出动作的输入（含工作环境）条件主要包括：时序诸元要求、电气接口要求、平台频标输出正常、平台加速度表输出正常。

输出（响应）分析的主要内容包括：弹上计算机以八位时序送综合控制器Ⅱ，时序宽度××ms。

3）电爆管起爆动作的输入（含工作环境）条件主要包括：综合控制器Ⅱ收到弹上计算机发出的八位时序、火工品电池工作正常。

输出（响应）分析的主要内容包括：综合控制器Ⅱ进行译码后控制固态继电器接通引爆尾罩分离火工品。

4）分离非电传爆工作和分离爆炸螺栓解锁动作的输入（含工作环境）条件主要包括：分离解锁装置性能设计要求、非电传爆系统传爆要求、导爆索的研制要求。

输出（响应）分析的主要内容为尾罩和弹体分离解锁。

5）尾罩分离推力装置工作动作的输入（含工作环境）条件主要包括：推力装置设计要求、推力装置生产要求、推力装置组件装配要求。

输出（响应）分析的主要内容为提供分离冲量，两体分开。

6）尾罩分插拔脱动作的输入（含工作环境）条件主要为分插拔脱要求。

输出（响应）分析的主要内容为尾罩分插解锁分离。

7）尾罩分离火箭点火动作的输入（含工作环境）条件主要包括：机械起爆器设计要求，尾罩分离火箭设计要求。

输出（响应）分析的主要内容包括：机械起爆器工作、分离火箭正常点火、提供分离力、两体分开。

8）尾罩分离结构正常工作动作的输入（含工作环境）条件主要包括：抗剪销设计要求，尾部弹体内仪器设备的固定要求。

输出（响应）分析的主要内容包括：尾罩分离两体初始导向正常，结构正常。

9）尾罩与弹体解锁动作的输入条件（含工作环境）主要为铰链设计要求。

输出（响应）分析的主要内容为尾罩达到 α_2 脱销，铰链结构不会破坏。

10）尾罩分离边界正常动作的输入（含工作环境）条件主要为仪器电缆安装边界要求。

输出（响应）分析的主要内容包括：分离运动不干涉，尾罩正常分离。

4.1.2.4　设计指标分析

设计指标是指明确反映该动作总体设计意图的主要指标，设计指标分析的核心是对要分析的时序动作进行基于设计指标体系结构的设计闭环推演。需要明确动作执行的输入条件包含哪些定性和定量的指标、动作执行时的工作环境包含哪些定性和定量的指标、动作执行的输出（设计意图）包含哪些定性与定量的指标、动作产生的环境包含哪些定性和定量的指标。

（1）尾罩分离总体设计指标

尾罩分离总体设计指标主要包括：

1）确保尾罩在一定相对行程以上分离，并充分考虑底部冲击力对尾罩分离的影响，尾罩分离时弹尾距海面高度为 16 m（诸元值）；

2）尾罩分离期间不允许发生分离干涉；

3）尾罩分离时序的设计应满足两体可靠分离、Ⅰ级起控稳定及Ⅰ级伺服系统的点火建压时间设计要求；

4）尾罩落水后应满足不触发射平台的要求，尾罩落地后距离发射筒中心线距离不小于××m；

5）尾罩内的仪器设备安装结构和安装支架应适应总体环境条件。

（2）尾罩分离时序配电输出动作的设计指标

尾罩分离时序配电输出动作的设计指标主要包括：

1）导弹弹射点火后，通过对平台 Y 向加速度表输出进行二次积分，并与射前装订的发射值进行计算，当高度满足≥××m（设计诸元）时，发出尾罩分离指令；

2）根据时间备保判据，导弹出筒后××s（诸元），弹上计算机延时发出尾罩分离备保指令；

3）除弹上计算机时序指令外，安控器在"出筒信号"后××s发尾罩分离指令，再延时发Ⅰ级发动机点火指令。

（3）电爆管起爆动作的设计指标

电爆管起爆动作的设计指标主要包括：

1）尾罩分离用非电传爆引爆××个分离爆炸螺栓，采用 2 个 FSJ2 - 23B 电发火器；

2）控制系统电缆插头的代号为：WF1、WF2，型号为：YQ13 - 0802TK2，插头座在Ⅰ级尾段；

3）点火电流大于 5.5 A。

（4）分离非电传爆工作和分离爆炸螺栓解锁动作的设计指标

分离非电传爆工作和分离爆炸螺栓解锁动作的设计指标主要包括：

1）单桥带电爆管每桥通以 5.5 A 电流，作用时间应小于 50 ms；

2）每个桥路通以最小 1 A、相应功率最小 1 W 的直流电时，在 5 min 内不应发火；

3）非电传爆导爆索爆速≥××m/s；

4）从电爆管通电到爆炸螺栓解锁分离的时间不大于 10 ms；

5）爆炸螺栓的解锁不同步时间＜5 ms；

6）爆炸螺栓冲量≤××N·s，上弹 6 个爆炸螺栓冲量偏差 ΔI_b≤10 N·s；

7）推力装置建推时间≤××ms。

（5）尾罩分离推力装置工作动作的设计指标

尾罩分离推力装置工作动作的设计指标为：

1）推力装置为两台，安装在Ⅰ级尾段Ⅳ象限两侧各15°，每个推力装置平均推力（××±××）kN；

2）每个推力装置有效冲程为 $××_0^{+3}$ mm；

3）推力装置建推时间不大于 5 ms；

4）建推至峰推时间不大于 10 ms；

5）推力装置建推时间不大于 10 ms；

6）推力装置峰值推力在有效冲程范围内不大于××kN；

7）工作时间不大于××ms；

8）推力装置安装过程中应备有防松的手段。

（6）尾罩分插拔脱动作的设计指标

尾罩分插拔脱动作的设计指标主要包括：

1）尾罩遥测分插能够实现正常的机械解锁；

2）尾罩控制分插具有机械解锁的功能；

3）尾罩分离钢索松弛量为××mm；

4）尾罩分插满足带速分离解锁要求，带速要求为 7 m/s，YF01 分插机械解锁力不应大于×× N；JFC 分插机械解锁力不大于×× N。

（7）尾罩分离火箭点火动作的设计指标

尾罩分离火箭点火动作的设计指标主要包括：

1）尾罩分离火箭点火非电传爆系统，从机械起爆器工作到分离火箭堵片打开时间不大于××ms；

2）尾罩分离火箭工作时间：（××±××）ms；

3）尾罩分离火箭平均推力：（××±××）kN；

4）尾罩分离火箭峰值推力不大于××kN；

5）尾罩分离火箭堵片打开时间不大于××ms。

（8）尾罩分离结构正常工作动作的设计指标

尾罩分离结构正常工作动作的设计指标主要包括：

1）尾段和尾罩分离面之间设计抗剪销承受剪切力，需保证正常分离；

2）在Ⅰ级尾段下端面设置 2 个柱销和 5 个椎销，尺寸如图 4-3 所示；

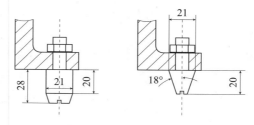

图 4-3　柱销和椎销的尺寸

3）尾罩分离期间，抗剪销不应发生破坏，不应发生卡滞现象；

4）尾罩分离期间不应产生活动物而影响弹内设备的正常工作；

5）尾罩爆炸螺栓解锁后应确保不会回弹至螺栓孔而影响分离。

（9）尾罩与弹体解锁动作的设计指标

尾罩与弹体解锁动作的设计指标主要包括：

1）尾罩旋转未到××°时防止尾罩提前脱落，在尾罩旋转到达××°时，铰链解锁脱钩；

2）铰链设计载荷为××kN。

（10）尾罩分离边界正常动作的设计指标

尾罩分离边界正常动作的设计指标主要包括：

1）尾段上的仪器设备伸入尾罩内的部分与尾罩上端面内缘和内部仪器设备的安装间隙应满足旋抛过程中的运动边界要求，并可适应可能出现的弹体结构变形；

2）要求尾罩分插及电缆外缘（插接后）在尾罩旋抛过程中不能与发动机喷管发生运动干涉；

3）××装置安装后顶端距尾罩上端框轴向距离不小于 15 mm，××装置（含安装底座）的外形包络为 ϕ 760 mm×100 mm 圆柱和（ϕ 760 mm＋ϕ 435 mm）×335 mm 圆台组合体；

4）由于尾罩分离过程中和尾罩落水后，底部弹体可能会溅入海水，要求Ⅰ级尾段和尾罩内的仪器电缆或结构上有防溅水的能力；

5）Ⅰ级滚控喷管与尾罩内壁径向间隙大于×× mm；

6）Ⅰ级滚控喷管与爆炸螺栓盒周向间隙大于×× m；

7）伺服油管接头与尾段后框间隙大于×× mm；

8）伺服燃气源管路与尾段后框间隙大于×× mm。

4.1.2.5　设计情况分析

设计情况分析就是设计闭合情况的分析，除了对照设计指标逐一分析实现满足情况以外，还要分析实现指标与要求值之间的裕度，分析偏差情况能否适应，分析实现过程中各系统能否协调匹配等。

设计情况分析的技术手段包括工程分析、仿真计算、试验验证等，具体分析过程中需要将各种手段的分析结果进行列举与综合对比。力求设计情况分析全面、准确，在时序动作确认表中主要填写相关参数与结论。

（1）总体设计情况分析

总体设计情况分析主要包括：

1）根据多发模型弹弹射试验和 1∶1 试验结果，尾罩分离时不存在底部尾涌水冲击力作用。

2）根据设计确定的尾罩分离设计工况及计算条件，低速设计工况下标准状态下尾罩分离距离为××m，至Ⅰ级发动机喷流最早建立时刻（即尾罩分离后××s）尾罩旋抛角度为××°；低速设计工况下偏差下，至Ⅰ级发动机喷流最早建立时刻，尾罩旋抛距离为××m，××s 时的角度为××°，满足尾罩分离设计要求。

3）经基于三维模型的动力学仿真分析以及地面分离试验验证，两体分离过程顺畅，不会出现干涉。

4）中速发射工况下，尾罩分离距离为××m，至Ⅰ级发动机喷流最早建立时（即尾罩分离后××s）尾罩旋抛角度为××°，满足尾罩分离设计要求。

5）经分析，将各发地面试验工况实测附着底部阻力包络设计为最恶劣工况，因此以包络阻力进行分离复核。根据单因素影响分析结果，尾罩分离可适应一定范围内弹体速度、风场、弹体姿态、推力装置、分离火箭、其他阻力、分离质量的变化。

6）经有限元分析和地面试验，给出了尾罩旋抛分离运动过程中的壳体变形量和分离环境条件，仪器设备及其安装结构和安装支架经实物模装和地面试验验证，满足要求。

（2）尾罩分离时序配电输出动作的设计情况分析

尾罩分离时序配电输出动作的设计情况分析主要包括：

1）为了提高一级起控裕度，尾罩分离时序为相对行程判据，××弹相对行程诸元值为尾出水××m，同××弹，经计算可满足尾罩分离要求。

2）根据不同发射工况下的弹道特性参数，××发射工况下，达到尾罩分离相对行程判据最晚时间为导弹出筒后××s，考虑各项测量偏差等因素，对弹上计算机和安控器尾罩分离时序进行适应性调整。

3）平台××kHz频标正常输出，实现情况同水下段和出水段。

4）弹上加表输出正常：X、Y、Z加表均为正负两路正极性脉冲输出，负载阻抗$\geqslant$2 kΩ;其波形参数如下：

a）X、Y表：幅值8~12 V（最大峰值<16 V）；脉宽：顶宽2~5 μs（8 V处）；量程15 g；当量（500$\pm$20）个/（s·g_0）;

b）Z表：幅值：8~12 V（最大峰值<16 V）；脉冲宽度：顶宽2~5 μs（8 V处）；量程6 g；当量（5 000$\pm$500）个/（s·g_0）。

5）X加表标定参数：

k_1＝510.972 0;

k_0/k_1＝1.745 0$\times 10^{-5}\leqslant 5\times 10^{-4}$;

$\sigma k_0/k_1$＝1.410 9$\times 10^{-6}\leqslant 1.92\times 10^{-5}$;

$\sigma k_1/k_1$＝1.410 9$\times 10^{-6}\leqslant 1.55\times 10^{-5}$。

6）Y加表标定参数：

k_1＝499.501 7;

k_0/k_1＝$-$3.455 1$\times 10^{-4}\leqslant 5\times 10^{-4}$;

$\sigma k_0/k_1$＝1.406 7$\times 10^{-6}\leqslant 1.92\times 10^{-5}$;

$\sigma k_1/k_1$＝1.603 4$\times 10^{-6}\leqslant 1.55\times 10^{-5}$。

7）Z加表标定参数：

k_1＝5 106.063 4;

k_0/k_1＝$-$2.702 7$\times 10^{-4}\leqslant 5\times 10^{-3}$;

$\sigma k_0/k_1$＝1.476 5$\times 10^{-6}\leqslant 2.20\times 10^{-5}$;

$\sigma k_1/k_1$＝7.939 6$\times 10^{-6}\leqslant 1.00\times 10^{-4}$。

8）弹上加表信号接收正常：

参照4K45-2任务书有关加速度表输入接口波形信号：$U_m > 7.6$ V，$\Delta V_1 < 16$ V，$\Delta V_2 < 3$ V，$\Delta V_3 < 10.5$ V。

9）飞行控制软件确认调姿火箭点火条件后，开始判断尾罩分离相对行程判据是否满足判据要求，如果导弹出筒后至××s行程判据仍不满足要求，则按备保时序发出；时序宽度200 ms。

10）安控器在收到弹射点火信号并进行确认后，将安控器零位指示清除，同时延时××s开始检测出筒信号，确认出筒信号后，延时××s发出尾罩分离备保时序，再延时××s发出Ⅰ级发动机点火时序。

（3）电爆管起爆动作的设计分析情况

电爆管起爆动作的设计分析情况主要包括：

1）控制系统发点火电流，引爆2个尾罩分离用FSJ2-23B电发火器，点火电流大于5.5 A；

2）单桥火工品电阻值最大为1.27 Ω，限流电阻值为2.7 Ω，控制系统电池可提供最小电压为25.5 V，因此，引爆电流最小为6.5 A，而火工品最小点火电流为5 A。

（4）分离非电传爆工作和分离爆炸螺栓解锁动作的设计情况分析

分离非电传爆工作和分离爆炸螺栓解锁动作的设计情况分析主要包括：

1）尾罩分离采用非电传爆系统完成尾罩爆炸螺栓解锁和推力装置工作；选用FSJ2-23B电爆管，点火电流和发火时间满足输入要求，输出的爆轰能量将歧管引爆。

2）××弹尾罩分离火工系统中2×8股导爆索组件为1 303批产品、尾罩非电爆炸螺栓为1 203批产品，均为新批次产品，根据批验收试验值；

3）××弹尾罩分离火工系统根据批验收试验值，单桥带电爆管每桥通以5 A电流，作用时间实测××～×× ms；

4）1 A、1 W、5 min不发火；

5）实测非电传爆导爆索爆速＞××m/s；

6）经统计，尾罩爆炸螺栓从通电到爆炸螺栓分离的时间为××～×× ms；

7）本批爆炸螺栓冲量实测××～××N·s，冲量偏差×× N·s；

8）推力装置建推时间××～×× ms，建推至峰值推力时间××～×× ms；

9）针对尾罩分离爆炸螺栓解锁和推力装置工作为同一指令发出的情况，对地面试验结果进行了统计，开展了时间匹配性分析和承载有限元仿真计算；根据分析和计算结果，推力装置建推不会对爆炸螺栓正常解锁产生影响；为了验证分析和计算结果的正确性，且通过了模拟受载×× kN、×× kN和×× kN三种条件下的尾罩爆炸螺栓解锁试验，爆炸螺栓解锁正常。

（5）尾罩分离推力装置工作动作的设计情况分析

尾罩分离推力装置工作动作的设计情况分析主要包括：

1）推力装置借鉴××两种产品的研制成果，其输出性能经过地面试验及弹射试验考核，均满足使用要求；

2）推力装置设计鉴定试验一共抽取27套进行，进行了温度/湿度/高度、盐雾、霉菌、颠簸、低频冲击、振动、过载、冲击，然后分别进行高、低和常温发火试验；

3）本次推力装置××为1 402批，批验收数据如下：

a）平均推力××～×× kN；

b）有效冲程：×× mm；

　　c）建推时间：××～×× ms；

　　d）建推至峰推时间：××～×× ms；

　　e）峰值推力：××～×× kN；

　　f）工作时间：××～×× ms；

　　上述指标均满足设计指标要求，批抽检产品由设计鉴定试验代替批验收；

　　4）推力装置通过 M56×2 螺纹安装在尾罩端框上，设计上增加压板防止推力装置大螺纹防松，压板的紧固件打保险；

　　5）封头与活塞筒螺纹涂厌氧胶防松。

　　（6）尾罩分插拔脱动作的设计情况分析

　　尾罩分插拔脱动作的设计情况分析主要包括：

　　1）分离速度要求覆盖设计工况下尾罩和弹体的最快分离速度，并考虑一定余量。

　　2）根据不同偏差下的分离计算结果，对应分离距离 30 mm 时，分离速度不大于 7 m/s。

　　3）控制尾罩 JFC 分插的选型同海态遥测弹，根据 825 厂的反馈信息，分插的静态解锁力不大于 200 N，其中分插内部钢球锁的解锁力为×× N。

　　4）××弹研制期间 JFC 分插联合分插连接结构通过 7m/s 带速分离解锁试验考核，试验中分插解锁正常，分插连接结构完好。

　　5）遥测系统尾罩分插 YF01 为 YSF1B-72 型水下分离电连接器，根据 7 m/s 分离速度下的分离解锁试验结果，分插的机械分离力为××～×× N，满足要求。

　　6）机械起爆器靠尾罩和弹体的分离运动，使其内部钢球锁解锁、引爆主装药，为了满足水下弹射环境要求，在机械起爆器上安装 $\phi 0.8$ mm 铜丝，增加产品抗冲击的能力；根据地面环境试验和拔销力试验的结果，机械起爆器能够满足飞行试验环境要求，同时拔销力控制在尾罩分离系统和机械起爆器安装结构的允许范围内。

　　7）分插安装结构的适应性分析：

　　a）YF01 和 JFC 分离钢索支架能够承受 3 800 N 的力，远大于分插的机械解锁力；

　　b）JFC 分插分离钢索螺杆与钢丝绳压接后 100% 进行 420 N 拉伸检查，批抽检分离钢索拉伸破坏载荷不小于 1 400 N，全部满足要求；

　　c）YF01 分插分离钢索螺杆与钢丝绳压接后 100% 进行 1 500 N 拉伸检查，批抽检分离钢索拉伸破坏载荷不小于 5 000 N，全部满足要求；

　　d）分离钢索中 S 钩采用不锈钢丝缠绕其中部防松，提高承载能力；

　　e）根据分插的机械解锁力设计分离钢索强度满足要求，安全系数 1.5；

　　f）为保证钢丝绳压接质量对产品进行拉伸试验检查。

　　8）电缆松弛量和分插钢索松弛量的对应分析：

　　a）遥测和控制分插钢索松弛量××～×× mm，调节时取上限×× mm，并要求两个分插松弛量一致，分离插头电缆松弛量大于分离钢索的松弛量；

　　b）综合考虑分插支架、分离钢索支架和弹体结构在发射和飞行期间的在轴向产生的变形，并留有一定的余量。

（7）尾罩分离火箭点火动作的设计情况分析

尾罩分离火箭点火动作的设计情况分析主要包括：

1）通过机械起爆器分离钢索松弛量控制点火时机，明确松弛量调节要求：靠近Ⅱ象限分离钢索松弛量为 29 mm，靠近Ⅰ象限为 35 mm；尾罩旋转至××°时钢索拉直，长度为（114±3）mm；分离钢索和接头破坏载荷不小于 1 000 N；

2）机械起爆器靠尾罩和弹体的分离运动，使其内部钢球锁解锁、引爆主装药，为了满足水下弹射环境要求，在机械起爆器上安装 ϕ 0.8 mm 铜丝，增加产品抗冲击的能力；

3）机械起爆器在××～×× N 拉拔力下可靠工作，起爆导爆索输入接头；

4）机械起爆器 HgQB - 2A 与首发抽检弹同批，为 1 202 批，工作到分离火箭建推时间实测××～×× ms；

5）××弹所使用的 1 301 批分离火箭按照要求完成了批验收试验，常温发火数据：

a）工作时间：××～×× ms；

b）平均推力：××～×× kN；

c）峰值推力：××～×× kN；

d）堵片打开时间：××～×× ms。

（8）尾罩分离结构正常工作设计情况分析

尾罩分离结构正常工作设计情况分析主要包括：

1）使用工程方法进行保守计算，即仅Ⅰ、Ⅲ象限两个销子承载情况，在最大径向力工况下抗剪销受剪切应力×× MPa，小于销子的剪切强度（不小于×× MPa）；最小剩余强度系数不小于 1.23；

2）根据尾罩分离受力情况，完成了不同偏差组合工况下尾罩抗剪段动力学仿真分析，根据计算结果，抗剪销根部所受最大应力不大于×× MPa，小于材料屈服强度（≥×× MPa）；

3）Ⅰ级尾罩和尾段爆炸螺栓盒带有盖板，能够防止多余物飞出；

4）盒底部安装斜垫后可确保解锁后的螺杆不会返至爆炸螺栓孔内影响两体分离；

5）通过爆炸螺栓解锁撞击运动仿真分析；螺栓解锁后不会回弹至螺栓孔。

（9）尾罩与弹体解锁动作的设计情况分析

尾罩与弹体解锁动作的设计情况分析主要包括：

1）限位铰链用于防止尾罩在分离过程中由于振动、变形提前脱落，当尾罩旋转角度达到约××°后，限位铰链的防脱落约束解除，可确保尾罩在离心力作用下与尾段脱开。

2）铰链结构全部采用××材料，Ⅰ级尾段在Ⅱ象限壳体铰链支座安装区域蒙皮局部加厚，下端框在Ⅱ象限附近进行局部加强设计；

3）尾罩铰链支座安装部位端框进行加强设计，侧壁厚度增加 10 mm，纵筋由 1 根增加为 3 根；

4）根据设计载荷开展Ⅰ级尾段和尾罩的离心力和径向力最大有限元分析，结果表明，Ⅰ级尾段壳体与铰链连接孔局部区域进入塑性，最大等效塑性应变为 1.53%，出现位置位于螺栓孔边局部，为螺栓对孔边缘的局部挤压而引起，其他部位的结构应力在××MPa以下，结构没有进入屈服；除铰链安装部位外，尾罩上其余部位应力在××MPa以下，尾罩铰链安装部位局部区域进入塑性，最大塑性应变为××％，出现位置位于螺栓孔边局部，为螺栓对孔的局部挤压而引起，强度满足设计要求；

5）在分析的基础上开展了尾段和尾罩强度试验（含铰链），试验结果表明Ⅰ级尾段铰链安装处剩余强度系数为2.02，在尾罩地面试验中，利用抽检弹状态的产品，试验载荷加载至××kN，破坏形式为壳体端框根部断裂，铰链结构及连接螺钉完好。经计算剩余强度系数为1.43，满足设计载荷要求。

（10）尾罩分离边界正常动作的设计情况分析

尾罩分离边界正常动作的设计情况分析主要包括：

1）尾罩分插有径向线危及电缆外缘（插接后）在尾罩旋抛过程中不能与发动机喷管发生运动干涉；

2）Ⅰ级尾段电缆（除B101-1）和搭接线缠绕2层玻璃纤维带、2层高温绝热带、2层玻璃纤维带，小于8mm的电缆和导爆索套2层1mm厚的硅橡胶管再缠2层玻璃纤维带；

3）Ⅰ级尾段4K91-2、4TY0-2、4Y624A-2、4Y201-2、4Y203-2（3）、YT2-77、YA8-34-4、YU4-22、YA11-71-4、YA8-38-6、YA9-33-20、CY5-74-10安装防热套，CI1-7A、CR4-2-5、CW4-19A-1、CZ3-51-6、CZ3-48-3、NC-ZDL50-3包一层高温绝热布；

4）插头套防水套后缠2层玻璃纤维带，再安装防热套或包一层高温绝热布，再缠2层玻璃纤维带；

5）JC插座法兰与尾罩壳体周围硅橡胶堆积高度不小于4mm；YF01、JFC分插和机械起爆器分离钢索和限位钢索外套硅橡胶套管；1Y12插头和SD1-SD4导爆索接头包一层高温绝热布，JC插座和JFC插头安装防热套；

6）JFC和YF01插头两侧限位钢索松弛量一致，都为××～××mm；

7）××装置底座爆炸螺栓引爆接头（SF12、SF22）突出高度为××mm；

8）突出点与漂浮装置底座上端面母线长度为××mm；

9）××装置底座1Y12突出高度（实测值）为××mm；

10）突出点与漂浮装置底座上端面母线长度为××mm；

11）Ⅰ级滚控喷管与尾罩内壁径向间隙Ⅰ象限××mm，Ⅲ象限××mm；

12）Ⅰ级滚控喷管与爆炸螺栓盒周向间隙Ⅰ象限××mm，Ⅲ象限××mm；

13）Ⅰ级滚控喷管与尾罩柱段内表面下沿间隙××mm；

14）伺服油管接头与尾段后框间隙××mm；

15）伺服燃气源管路与尾段后框间隙轴向××mm，径向××mm；

16）Ⅰ级伺服高低压油管（Ⅰ-Ⅱ象限间）与分离火箭机械起爆器拉线支架处静态间隙××mm。

4.1.2.6 飞行试验、地面试验（含仿真验证）考核情况分析

试验与仿真验证情况是要分析各项设计指标或者设计意图通过了哪些试验与仿真验证。

试验与仿真验证情况分析首先是针对每一个要确认的动作环节，梳理开展了哪些飞行试验、地面试验或仿真分析，然后重点分析和确认试验产品的状态、试验的边界、试验的工况和次数是否满足设计要求，在此基础上确认试验结果是否分析的准确和全面，有无遗留问题。

在针对每一个要确认的动作环节进行试验与仿真情况梳理的基础上，要对整体的试验充分性进行综合分析，考察技术状态变化的环节、"九新"的环节等是否都通过了验证。最终在时序动作分析和确认表中主要填写具有典型支撑性的试验与仿真验证项目及结论。

例如本例中，通过对试验产品状态、工况等的分析，尾罩分离底部尾涌水环境通过了缩比模型尾涌力测量试验，尾罩分离过程中的壳体变形量和分离环境条件通过了分离地面试验的考核，平台系统精度通过了筛选试验和验收试验考核，控制系统单机方案和指标适应性通过了系统综合试验、匹配试验和出厂测试考核，飞行控制软件和安控器工作程序通过了软件单元测试和第三方回归确认测试考核，非电传爆系统通过了四倍传爆间隙、岐管大药量裕度试验、设计鉴定试验和验收试验考核，分插拔脱通过了分插带速分离试验考核，分离钢索及其压接结构通过了拉伸和剪切试验考核，在此基础上，系统的协调匹配性又通过了多发全系统地面分离试验和飞行试验的考核。

4.1.2.7 工程及设计可靠性保证措施分析

工程及设计可靠性保证措施分析主要是对每一个要确认的动作执行的可靠性进行分析，对采取的可靠性保证措施的有效性进行分析，查找可靠性薄弱环节并为设计改进提供支撑。

工程及设计可靠性保证措施分析首先要针对每一个要确认的动作环节，梳理采取了哪些提高产品可靠性的措施，进行了哪些可靠性的分析和试验，同时也要分析产品的状态、边界等是否都统一到了当前的设计状态，在此基础上确认可靠性措施的有效性。

对于设计冗余、设计裕度要明确描述冗余的环节，并尽可能量化分析设计裕度，例如本例中各动作工程及设计可靠性保证措施如下。

（1）尾罩分离总体设计工程及设计可靠性保证措施

尾罩分离总体设计工程及设计可靠性保证措施主要包括：

1）分离距离采用裕度设计，覆盖不同发射工况需求；

2）尾罩分离时序通过以往飞行试验考核；

3）尾罩分离方案通过地面分离试验，实物模装和××试验考核。

（2）尾罩分离时序配电输出动作的工程及设计可靠性保证措施

尾罩分离时序配电输出动作的工程及设计可靠性保证措施主要包括：

1）完善焊接装配工艺，严格控制焊点，用 40 倍放大镜检查；增加温度循环筛选，试验验证导电杆焊接可靠性；

2）装配前严格清洗零组件，绝缘片去毛刺；装配过程中控制多余物产生；

3）随仪表、平台完成所有试验、测试工作，正常；

4）所有元器件下厂验收，单板、整机按技术条件完成相应工作；

5）导电滑环、连接采用双点双线，连接可靠；

6）参加控制系统和总装测试，正常；

7）伺服回路改进了抗干扰措施，提高了回路的电磁兼容能力；

8）输电装置采用了改进设计的九环十二刷结构，具有冗余特性，提高了输电装置的可靠性；

9）双点双线冗余设计；

10）降额设计，元器件工作应力Ⅰ级降额；

11）加速度信号输入加有滤波电容、嵌位二极管和施密特门电路对输入信号波形进行整形，增强了抗干扰；计数误差实测达到±1个脉冲；

12）射前进行条件的人工判断，确保发射条件满足飞行试验大纲要求；

13）时序控制模块设计时将固定时序和浮动时序统一在一个时序表中，只使用一个时序指针，从数据结构上杜绝浮动、固定时序间可能出现次序混乱，提高可靠性。

（3）电爆管起爆动作的工程及设计可靠性保证措施

电爆管起爆动作的工程及设计可靠性保证措施主要包括：

1）双点双线；

2）点火电流要求大于5.5 A，有余量（标准为5 A）。

（4）分离非电传爆工作和分离爆炸螺栓解锁动作的工程及设计可靠性保证措施

分离非电传爆工作和分离爆炸螺栓解锁动作的工程及设计可靠性保证措施主要包括：

1）尾罩分离火工系统采用双冗余起爆设计，提高系统可靠性；

2）尾罩爆炸螺栓借用××弹定型产品，与××弹技术状态相同，经统计该产品共参见330发产品，未出现分离解锁功能失效的故障现象；

3）电起爆器同××弹，累计试验3 000发以上，设计上采用2个电爆管并联起爆；

4）非电传爆系统各传爆环节进行传爆裕度试验，各强度环节通过120％药量的强度裕度试验，经计算各环节可靠性预估值0.999 9，置信度0.95；

5）开展了尾罩爆炸螺栓未解锁状态下的受力有限元分析和爆炸螺栓带载分离试验，试验结果满足设计要求。

（5）尾罩分离推力装置工作动作的工程及设计可靠性保证措施

尾罩分离推力装置工作动作的工程及设计可靠性保证措施主要包括：

1）推力装置设计上借鉴HgQT305 - XT和DT15 - 41两种产品的研制成果；

2）按火工分离装置的相关规范和标准进行裕度设计和试验考核；

3）生产和验收过程中对影响产品性能的关键尺寸和关键工序严格控制其生产质量。

（6）尾罩分插拔脱动作的工程及设计可靠性保证措施

尾罩分插拔脱动作的工程及设计可靠性保证措施主要包括：

1）余量设计；

2）通过地面分离试验和飞行试验考核；

3）分离速度有一定裕度；

4）使用过程中严格控制分离次数，保证机械寿命；

5）JFC 分插钢索剩余强度系数 1.17，YF01 分插钢索剩余强度系数 2.33；

6）YF01 分离钢索钢丝绳直径由××　mm 增加为××　mm，最小拉断载荷从××　kN 提高至×× kN，经遥测弹尾罩旋抛地面试验和首抽飞行试验验证；

7）海态遥二、三发××弹钢索松弛量 7～9 mm 满足要求，在此基础上，松弛量调整至××～××mm，适当增加余量；

8）地面测试状态覆盖。

（7）尾罩分离火箭点火动作的工程及设计可靠性保证措施

尾罩分离火箭点火动作的工程及设计可靠性保证措施主要包括：

1）系统采用双冗余起爆设计，提高系统可靠性；

2）每批药柱均经过验收合格后方可使用；

3）药柱 100％进行射线无损检测，保证其内部无裂纹等缺陷；

4）每批产品均要进行工艺试验；

5）批验收试验产品合格；

6）火箭壳体及连接螺纹强度经过复核复算，结果满足设计要求；

7）产品研制过程中进行壳体破坏压力试验，其强度裕度满足设计要求；

8）火箭壳体进行 100％水压强度试验，100％磁力探伤合格；

9）喷管焊接件进行 25 MPa 液压强度试验，试验合格。

（8）尾罩分离结构正常工作动作的工程及设计可靠性保证措施

尾罩分离结构正常工作动作的工程及设计可靠性保证措施主要包括：

1）采用裕度设计，保证一定的剩余强度；

2）裕度设计结果经爆炸螺栓解锁撞击运动仿真分析和地面试验验证。

（9）尾罩与弹体解锁动作的工程及设计可靠性保证措施

尾罩与弹体解锁动作的工程及设计可靠性保证措施主要包括：

1）结构强度设计上取安全系数 1.4，严格控制生产质量；

2）对原材料性能以及关键尺寸作为关注特性进行控制；

3）铰链结构装配调整进行实物确认。

（10）尾罩分离边界正常动作的工程及设计可靠性保证措施

尾罩分离边界正常动作的工程及设计可靠性保证措施主要包括：

1）经总装厂和靶场实物状态检查确认；

2）外包络和动态间隙经过 JFC、YF01 分插和机械起爆器分离钢索甩动轨迹实物复查确认；

3）分离距离保证尾罩不会与Ⅰ级尾段仪器设备和发动机发生干涉；

　　4）尾罩和Ⅰ级尾段仪器设备防护措施满足要求。

4.1.2.7　产生的环境及其相关设备适应性分析

　　环境适应性分析重点是针对每个动作所产生的环境对相关系统的影响进行分析，确认其他系统能够适应这一环境条件，在时序动作分析和确认表中主要是填写对相关系统的适应性分析情况及采取的措施。

　　动作后产生环境条件的变化，但未超过产品环境条件的，需要明确影响的系统、产品以及相关产品的适应性，例如本例尾罩分离后水环境对弹底部结构的影响：

　　1）尾段内设备受到附着水冲击影响，开展防护设计，并通过试验验证；

　　2）尾罩和尾段内仪器设备安装结构需进行加强和防热设计，通过分离地面试验验证；

　　3）为满足发动机喷流环境条件，尾罩和Ⅰ级尾段内仪器设备安装结构需进行加强和防热设计，通过仿真分析与喷流试验验证。

　　动作过程中产生的新环境条件，需要明确环境条件，并对相关产品的适应性情况进行分析，例如本例尾罩分离解锁冲击环境：爆炸螺栓解锁产生的冲击环境条件以及各系统环境适应性分析见专题报告，通过了分离地面试验验证。

4.1.2.8　复核复算和专题审查情况分析

　　复核复算和专题审查是时序动作分析和确认的重要一环，需要在填写时序动作分析和确认表格时进行系统的回归分析与确认，确保相关结论的正确性以及专家意见的落实情况。本例尾罩分离的复核复算和专题审查项目主要包含以下项目：

　　1）尾罩旋抛分离设计专题审查；

　　2）尾罩分离非电系统通过厂级复核复算和专题审查；

　　3）推力装置完成了室级复核复算，与分离铰链结构一起完成了部级专题评审；

　　4）尾罩仪器电缆安装设计复核复算；

　　5）分离结构通过部级专题审查和室级复核复算；

　　6）铰链结构通过部级复核复算和院级专题审查；

　　7）针对本次飞行试验的分离设计通过部级复核复算和院级专题审查。

4.1.2.9　综合分析确认

　　在完成针对尾罩分离过程的时序动作分析和确认后，要详细填写时序动作分析和确认表格，并在整个设计师系统内部进行讨论与交流，确认时序动作从判据的满足，到控制软指令的发出，到执行端的执行，到执行过程相关系统能否协调匹配，到环境能否适应等全过程进行确认，查漏补缺，辨识和识别出技术风险，确认完毕后相关主管设计在表格上签字。

4.1.2.10　迭代改进

　　时序动作分析和确认工作本身是一个系统辨识技术风险的过程，在识别出无法接收的技术风险后，需要进行改进设计，并视改进完善的具体情况，补充进行部分或者重新进行全部的时序动作确认分析，直到最终实现全系统的闭环和风险可接受。

　　在本例中，按照"设计分析、地面试验、飞行试验"，对飞行动作的试验验证情况进行梳理，梳理出未考核的工作项目。按照通过飞行试验考核和未通过飞行试验考核两类进行技术风险的复查和确认。

对以往飞行试验未考核的飞行动作涉及的技术状态、产品功能和性能进行梳理，对设计分析、仿真计算、试验考核情况进行复查，对采取的补偿措施和设计裕度进行分析，给出风险评价和是否可以化解的结论。

已通过飞行试验考核的项目，重点分析总体和各系统设计要求的合理性和正确性，对通过理论分析、仿真计算和地面试验推演得到的设计结果，设计闭合程度和裕度进行复查确认，给出是否存在潜在风险，并给出风险评价和是否可以化解的结论。

本例尾罩分离时序动作分析和确认无改进设计项目。但在其他环节的分析与确认中，发现了一级排焰窗口打开后的舱内泄压环境及其弹上设备适应性问题、一二级分离期间电缆绑扎结构承载适应性问题、导弹筒中运动期间电缆罩与适配器间隙匹配性问题、分插连接结构对飞行环境适应性问题等，均开展了设计改进以及改进后的再确认工作，避免了一些设计隐患，降低了飞行期间的风险。

4.1.2.11　总结

一轮时序动作确认工作结束后，要对时序动作确认工作进行总结，总结工作过程，总结发现的问题与解决途径，并提出下一轮时序动作分析工作的建议。本例针对某型导弹飞行试验的时序动作分析和确认工作共确认了弹上全部的 33 个火工品时序动作和 21 个软指令动作，确认项目共计 596 项，最终得出了参加该次飞行试验的导弹总体及分系统设计方案正确，接口协调匹配，可以参加飞行试验的结论。

4.2　运载火箭时序动作分析和确认案例

本部分主要以某型运载火箭在试样阶段飞行试验发射前开展的，以确保电气接口匹配与控制软指令正常为目标的，点火时段的时序动作分析和确认为例，介绍基于时序动作分析和确认的技术风险管理方法在工程上的应用实践情况。

4.2.1　工程背景

本例运载火箭是新研制的一型运载火箭，在新技术应用、运载能力提升等方面均实现了较大的跨越，系统间设计的正确性，接口设计的协调性，是提前暴露薄弱环节，确保飞行成功的关键。同时，该新型火箭对控制系统飞行时序提出了 20 ms 的精度要求，而常规火箭的时序精度为 50 ms；由于箭上产品各环节均对时序有耦合性影响，也需要各专业进行综合分析。因此在型号首飞前，针对电气接口匹配性与控制软指令协调性开展了基于时序动作分析和确认的风险管理工作。

本例运载火箭点火（DH）时段包含了 24 个事件和 44 个时序，主要设计原则是减小××-100 发动机对××-77 发动机的影响，确保××-77 发动机在××-100 发动机推力达到 90% 前完成主要点火阀门动作。具体见图 4-4 与表 4-2。

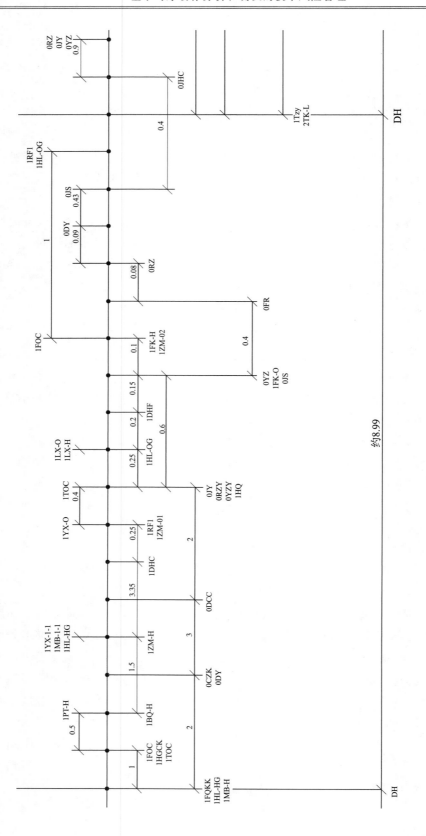

图 4 - 4 点火时段时序图

表 4 - 2　运载火箭点火时段说明

序号	发生时间/s	事件代号	时序代号	时序简述	备注
1	0	DH101	D101. DH↑	控制发点火指令	
2	0	DH110	D110.1HL - HG↑	芯一级液氢回流阀控制电磁阀（关）	
			DH110.1FQKK↑	芯一级发控气瓶气源控制电磁阀开	
			D110.1MB - H↑	芯一级氢泵前阀密封波纹管通电	
			DH110.1XB - H↓	芯一级液氢循环泵电源断电	
			DH110.1FP↓	芯一级发控气瓶充气电磁阀	
			DH110.1CP↓	芯一级吹除气瓶充气电磁阀	
			DH110.PQDH↑	排氢燃烧系统通电	
			DH110.1JPS↑	发射支持系统一级喷水	
			DH110.2D3C↓	YF - 75D D3 吹除电磁阀	
			DH110.2D4C↓	YF - 75D D4 吹除电磁阀	
			DH110.2FCP↓	芯二级发控、吹除气瓶充气电磁阀	
3	1	DH120	D120.1FOC↑	芯一级发生器氧路高压吹除	
			D120.1TOC↑	芯一级推力室氧路高压吹除	
			DH120.1HGCK↑	芯一级氧涡轮泵氦隔离吹除（开）	
			DH120.1D3C↓	YF - 77 D3 吹除电磁阀	
			DH120.1D4/6C↓	YF - 77 D4/6 吹除电磁阀	
			DH120.1D5C↓	YF - 77 D5 吹除电磁阀	
			DH120.1D8C↓	YF - 77 D8 吹除电磁阀	
			DH120.1D9C↓	YF - 77 D9 吹除电磁阀	
4	1.5	DH130	DH130.1PT - H↓	芯一级氢预冷旁通阀	
			DH130.1BQ - H↑	芯一级氢泵前阀	
5	2	DH140	DH140.0DY↑	助推电液阀	
			DH140.0CZK↑	助推燃料系统抽真空	
			DH140.2FCPG↓	芯二级发控、吹除气瓶隔离电磁阀	
6	3	DH150	DH150.1YX - H↓	芯一级氢预冷泄出阀	
			DH150.1MB - H↓	芯一级氢泵前阀密封波纹管	
			DH150.1HL - HG↓	芯一级液氢回流阀控制电磁阀（关）	
			DH150.1ZM - H↑	芯一级氢主阀	
7	5	DH160	DH160.0DCC↑	助推高压氮气吹除	
8	6.35	DH170	DH170.1DHC↑	芯一级推力室点火器	
9	6.45	DH175	DH175.1DHC↓	芯一级推力室点火器	

续表

序号	发生 时间/s	事件代号	时序代号	时序简述	备注
10	6.6	DH180	DH180.1YX-O↓	芯一级氧预冷泄出阀	
			DH180.1RF1↑	芯一级燃气阀（常开）	
			DH180.1ZM-O1↑	芯一级氧主阀（小流量）	
			DH180.1HYS-O↓	氢引射供气	
11	7	DH190	DH190.0JY↑	助推器挤压启动箱	
			DH190.0YZY↑	助推器氧箱增压	
			DH190.0RZY↑	助推器燃箱增压	
			DH190.1HQ↑	芯一级火药启动器	
			DH190.1TOC↓	芯一级推力室氧路高压吹除	
			DH190.D7CG↓	YF-77 D7 高压吹除电磁阀	
12	7.1	DH195	DH195.1HQ↓	芯一级火药启动器	
13	7.25	DH200	DH200.1HL-OG↑	芯一级氧预冷回流阀	
			DH200.1LX-H↓	芯一级氢轴承冷泄阀	
			DH200.1LX-O↓	芯一级氧轴承冷泄阀	
14	7.45	DH210	DH210.1DHF↑	芯一级发生器点火器	
15	7.55	DH215	DH215.1DHF↓	芯一级发生器点火器	
16	7.6	DH220	DH220.1FK-O↑	芯一级氧副控阀	
			DH220.0YZ↑	助推器氧主阀	
			DH220.0JS↑	助推器加速启动	
17	8	DH230	DH230.0FR↑	助推器发生器燃料阀	
18	8.08	DH240	DH240.0RZ↑	助推器燃主阀	
19	8.17	DH250	DH250.0DY↓	助推器电液阀	
20	8.6	DH260	DH260.0JS↓	助推器加速启动	
21	8.7	DH270	DH270.1RF1↓	芯一级燃气阀（常开）	
			DH270.1HL-OG↓	芯一级氧预冷回流阀	
22	8.9	DH280	DH280.ZPDD↓	助推和I级伺服机构中频电机	
23	9	DH290	DH290.0JHC↑	助推泵隔离腔吹除	
24	9.9	DH300	DH300.0RZ↓	助推发动机燃主阀	
			DH300.0JY↓	助推发动机挤压启动箱	
			DH300.0YZ↓	助推发动机氧主阀	

4.2.2　运载火箭点火时段时序动作分析和确认

4.2.2.1　策划

由于本次工作的重点是在接口匹配协调性风险的辨识与管控，相应时序动作分析和确认的侧重点就落在了输入输出分析和确认、系统输出与动作时间精度分析、系统匹配协调性分析方面，因此在工作策划时首先就明确这一工作重点，对时序动作分析和确认表格以及工作流程进行相应调整和裁剪。

本例运载火箭点火时段时序动作分析和确认工作经过调整后主要包含时段划分与确认环节梳理、动作输入输出与精度分析、可靠性措施分析、试验验证情况分析几部分。由于本例重点围绕输入输出开展分析，下面主要对输入输出分析情况进行介绍，其他部分与上例基本类似，就不再赘述。

4.1.2.2　动作输入与输出分析

为了分析和确认接口的匹配性，需要对应每一个时序动作，首先需要梳理列出参与该时序动作的系统或产品，然后分析该系统或产品在接收工作指令时的电气接口代号、型号以及电气接口的节点分配情况。

本例中控制点火指令的参与系统为控制系统，动作的输入主要是基地时统系统信息和发射指挥口令，控制系统接收输入的电气接口梳理明确如下：

1）插头（连接器）代（型）号：X11，X12，X13 为 J599I/20KA35SN；X21，X22，X23 为 J599I/20KA35PN；

2）节点号：1，2；3，4。

在明确动作参与系统，系统输入接口的基础上，进一步需要对系统动作输出及动作精度开展分析，其中需要对动作过程进行描述，对整个动作的时间精度和延时进行分析，还以本例控制点火指令为例。

系统动作简述为，根据指挥口令手动按下后端控制台上的"点火"按钮，将不带电触点信号（最大延时 5 ms）转发给后端 PLC，后端 PLC 输入模块接通（最大延时 7 ms），通过网络交换机以 EGD 方式发送到后端 PLC CPU（刷新最大延时 100 ms＋网络延时），后端 PLC CPU 逻辑状态刷新，通过网络交换机以 EGD 方式发送到前端 PLC 控制组合（刷新最大延时 100 ms＋网络延时），PLC 控制组合中输出模块的继电器触点闭合输出（最大延时 15 ms），前端发控转接组合中继电器 K181A～F 接通（最大延时 5 ms），发出"点火"信号。

最终得到系统响应时间为，总延时 237 ms＋网络延时。

在完成动作过程与精度梳理后，需要进一步分析动作输出的电气接口，本例控制点火指令中的输出接口分析如下。

1）KZ（箭上控制系统），插头（连接器）代（型）号：TB12/TB1；节点号：169，177，183，189；193，199；203，210 点。

2）FSZC（发射支持系统），插头（连接器）代（型）号：发控转接组合插座 DKBG；

节点号：15，16；6，7点，"点火"不带电触点。

3）CL（测量系统），插头（连接器）代（型）号：发控转接组合插座 DKC1；节点号：13，14；8，9点，"点火"不带电触点。

4）ST（时统系统），插头（连接器）代（型）号：发控转接组合插座 DKST；节点号：12，13；6，7点，"点火"不带电触点。

5）DLCK（动力测控），插头（连接器）代（型）号：发控转接组合插座 DKD3；节点号：13，14；8，9点，"点火"不带电触点。

4.1.2.4　综合分析确认

在完成针对每一个动作的输入输出接口与时序精度分析后，需要开展全系统的匹配性分析与讨论，确认各时序动作在全系统范围内的协调匹配性。

本例在点火时段重点针对上一轮分析中还存在疑虑的排氢燃烧和发动机工作协调性、喷水系统与发动机工作协调性、YF－77 和 YF－100 点火线路协调性等问题进行了确认和分析，得出了工作匹配协调性的结论。

以排氢燃烧和发动机工作协调性分析为例，通过点火时段时序动作分析和确认工作，可以分析得出，排氢燃烧系统在 YF－77 发动机氢主阀打开以前具备点火条件，并持续到点火过程结束，排氢燃烧系统的工作时序与××－77 发动机点火过程匹配，该状态已经经过了动力系统试车、合练专项试验的验证；同时，由于点火器工作时间约 8 s，因此在点火过程中均具备点火的能力，可以避免可燃气体掺混后再点火从而形成预混可燃气体；合练喷水试验表明排氢燃烧与喷水系统之间互不影响。××－100 发动机点火过程持续采用氮气强吹，单机吹除流量 360 g/s，可有效避免外部空气、氢气或引燃的燃气进入推力室。

以喷水系统与发动机工作协调性分析为例，通过点火时段时序动作分析和确认工作，可以分析得出，喷水系统在 4.4 s 开始出水，4.7 s 达到全工况，水流布满全平台，在此之前排氢燃烧系统已经开始工作并点燃××－77 发动机排放的冷氢，该程序已经在合练专项试验验证。另外，从合练专项试验结果可以看出，喷水高度不会对××－77、××－100 发动机的喷管产生影响。因此喷水时序与排氢燃烧、发动机启动时序匹配。

表 4-3　运载火箭点火段飞行时序动作分析和确认量化控制(节选)

序号	时序代号	时序简述	参与系统(系统内部动作命令名)	输入(对输入信号特性要求)	系统动作简述及动作时间精度/ms	输出	可靠性措施	试验验证	备注
1	D101.DH↑	控制发点火指令	系统名称:KZ(控制系统)	系统:ST(基地时统系统);插头(连接器)代(型)号:X11、X12、X13 为 J5599I/20KA35SN;X21、X22、X23 为 J5599I/20KA35PN 节点号:1,2,3,4。系统:KL(指挥口令)	系统动作简述:根据指挥口令手动按下后端控制台上的"点火"按钮,将不带电触点信号(最大延时5 ms)转发给后端 PLC,后端 PLC 输入模块接收后端信号以 EGD 方式发送到前端 PLC CPU(刷新最大延时100 ms +网络延时),后端 PLC CPU 逻辑状态刷新,通过网络交换机以 EGD 方式发送到前端 PLC 控制组合(刷新最大延时100 ms +网络延时),PLC 控制组合中输出模块的继电器触点闭合前端发控转接组合继电器 K181A~F 接通(最大延时15 ms),发出"点火"信号;系统响应时间:总延时237 ms +网络延时	系统:KZ(箭上控制系统)代(型)号:插头(连接器)代(型)号:TB12/TB1;节点号:169,177,183,189,193,199,203,210点。系统:FSZC(发射支持系统)插头(连接器)代(型)号:发控转接组合插座 DKBG;节点号:15,16,6,7点。"点火"不带电触点。系统:CL(测量系统)插头(连接器)代(型)号:发控转接组合插座 DKC1;节点号:13,14,8,9点。"点火"不带电触点。系统:ST(时统系统)代(型)号:插头(连接器)代(型)号:发控转接组合插座 DKST;节点号:12,13,6,7点。"点火"不带电触点。系统:DLCK(动力测控)代(型)号:插头(连接器)代(型)号:发控转接组合插座 DKD3;节点号:13,14,8,9点。"点火"不带电触点。	控制电缆双点双线;输出继电器三取二	综合试验匹配试验	

续表

序号	时序代号	时序简述	参与系统（系统内部动作命名）	输入（对输入信号特性要求）	系统动作输出及动作时序/时间精度/ms	输出	可靠性措施	试验验证	备注
2	DH110.1HL-HG↑	芯一级液氢回流阀控制电磁阀（关）	系统名称：KZ（箭上控制系统）；系统代号：KZ	系统：KZ（箭上控制系统）；插头（连接器）代（型）号：TB12/TB1；节点号：169,177,183,189,193,199,203,210点	系统动作简述：综合控制器Ⅱ：收到地面点火信号，继电器三取二后将指令通过X85D输出给电阻盒2的X521，电阻盒2；从X521转接至X524,X527Y,X528；系统响应时间：20 ms	系统：ZY（增压输送）；插头（连接器）代（型）号：增压输送1HL-HG；节点号：正端1,2；负端：3,4；系统：CL（测量系统）；插头（连接器）代（型）号：527Y；测量系统527Y；节点号：正端：26，负端：40,41	控制电缆双点双线，输出继电器三取二	综合试验匹配试验	动力测控已交班断电
			系统名称：CL（测量系统）T1hLhg	系统：KZ（控制系统）；插头（连接器）代（型）号：X527Y；节点号：第26点（对40,41点）输出的28 V带电指令	系统动作简述：通过电缆X517Y连接到指令变换器8Y121-5的Y121X5的9点（对1点），经光耦隔离（带电），转换到T8指令组的D0位，并输出到一级传输设备，通过无线下传至地面；系统响应时间：10 ms	无	单机均已完成各类环境试验和可靠性试验	经过合练和Y1全箭电气系统匹配试验出厂测练和靶场合练考核	
			系统名称：ZY（增压输送）；系统名称：YF77	系统：KZ（控制系统）；插头（连接器）代（型）号：Y4-4ZJBM；节点号：3,4	系统动作简述：自锁电磁阀的电插座Y4-4ZJBM接收28 V电信号动作，排出回流控制阀气，阀门响应时间为500 ms，氢门关闭；系统响应时间：500 ms	无	电接口接点关系为双点双线	靶场合练，动力系统试车	

续表

序号	时序代号	时序简述	参与系统（系统内部动作命名）	输入（对输入信号特性要求）	系统动作输出及动作时间精度/ms	输出	可靠性措施	试验验证	备注
3	DH110.1 FQKK↑	发控气瓶气源控制电磁阀开	系统名称：KZ(控制系统)	插头(连接器)代(型)号：TB12/TB1；节点号：169,177,183,189,193,199,203,210点	系统动作简述：综合控制器Ⅱ：收到地面点火信号，继电器三取二后将点火信号通过X85D输出给电阻盒2的X521。电阻盒2；从X521转接至X523,X527Y,X528；系统响应时间：20 ms	系统：YF77；插头(连接器)代(型)号：YF77发动机1KF02；节点号：正端33,34；负端：66,73,74；系统：CL(测量系统)；插头(连接器)代(型)号：527Y；节点号：正端：17,负端：40,41	控制电缆双点双线，输出继电器三取二	综合试验匹配试验	动力测控已交班断电
			系统名称：YF-77 19k#电磁阀	系统：KZ(控制系统)；插头(连接器)代(型)号：控制1#控制电缆(1KF02)插座；节点号：正端33,34；负端：66,73,74	系统动作简述：1#控制电缆插座1KF02接收到打开电信号动作后，发控气瓶气源控制电磁阀(19k#)通电，系统无变化。系统响应时间：50 ms	无	19#电磁阀通电后断电，增强电磁铁吸力，提高打开可靠性	地面、动力系统及合练验证	19#电磁阀为自锁电磁阀，之前已接通控制气
			系统名称：CL(测量系统)T1fqkk	系统：KZ(控制系统)；插头(连接器)代(型)号：X527Y插座；节点号：第17点(对40点)输出的28V带电指令	系统动作简述：通过电缆X517Y连接到指令变换器8Y121-5的Y121X5的28点(对27点)，经光耦隔离(带电)转换到T6指令组的D7位，并输出到一级传输设备，通过无线下传至地面；系统响应时间：10 ms	无	单机均已完成各类环境试验和可靠性增长试验	经过合练前电气系统匹配试验，厂房合练测出和靶场合练考核	

续表

序号	时序代号	时序简述	参与系统（系统内部动作命名）	输入（对输入信号特性要求）	系统动作输出及动作时间精度/ms	输出	可靠性措施	试验验证	备注
4	D110.1MB–H↑	芯一级氢密封泵前阀密封电通波纹管通电	系统名称：KZ（控制系统）	系统：KZ（箭上控制系统）；插头（连接器）代（型）号：TB12/TB1；节点号：169,177,183,189,193,199,203,210点	系统动作简述：收到地面点火信号，继电器三取二后将指令通过X85D输出给电阻盒2的X521。电阻盒2从X521转接至X523,X527Y,X528；系统响应时间：20 ms	系统：YF77；插头（连接器）代（型）号：YF77发动机1KF02；节点号：正端3,4,负端：50,51；系统：CL（测量系统）；插头（连接器）代（型）号：527Y；节点号：正端：3,负端：40,41	控制电缆双点双线，输出继电器三取二	综合试验，匹配试验	动力测控已交班断电
			系统名称：YF－77 2r#电磁阀	系统：KZ（控制系统）代（型）号：控制1#控制电缆（1KF02）插座；节点号：正端3,4,负端：50,51	系统动作简述：1#控制电缆插座：正端3,4,负端：50,51接受打开电信号后，1MB－H（2r#）电磁阀打开,控制气从控制气瓶经19#电磁阀、缓冲阀、减压器、1MB－H（2r#）电磁阀控制腔、氢泵前阀拾阀座进入氢泵前阀拾阀座；系统响应时间：2r#电磁阀响应时间 100 ms	无		地面、动力系统验证	
			系统名称：CL（测量系统）T1mbh	系统：KZ（控制系统）；插头（连接器）代（型）号：X527Y；节点号：第3点（对40,41点）输出的28V带电指令	系统动作简述：通过电缆X517Y连接到变换器8Y121－5的Y121X5的44点（对37点），经光耦合隔离（带电），转换到T5指令一级传的D1位,并输出二级传至无线下传至地面。系统响应时间：10 ms	无	单机均已完成各类环境试验和可靠性试验	经过合练和Y1全箭电气系统匹配厂房合练出厂测试合练和靶场考核	

续表

序号	时序代号	时序简述	参与系统（系统内部动作命名）	输入（对输入信号特性要求）	系统动作简述及动作时间精度/ms	输出	可靠性措施	试验验证	备注
5	DH110.1XB–H	氢循环泵电源断电	系统名称：DLCK（动力测控）	系统：KZ（箭上控制系统）；插头（连接器）代（型）号：DKD3；节点号：8、9/14、13点	系统动作简述：继电器机柜1收到控制系统发送过来的点火信号，机柜1内继电器动作，驱动继电器，分为点火1、点火2和点火3（延时最大为10 ms），点火3信号发送到动力循环泵变频电源，控制电源断电指令（延时最大为10 ms）。响应时间：最大为20 ms。	系统：ZY（箭上氢循环泵1和箭上氢循环泵2）；插头（连接器）代（型）号：HBDJ1、HBDJ2；节点号：1、2、3、4点对应A、B、C、O相	1）信号点采用双线双信号传输提高可靠性；2）继电器采用冗余包设计，触点采用串并联方式提高可靠性；3）PLC控制组合采用冗余设计、解决一度故障：后端PLC；CPU站采用热备冗余设计；4）软件采用滤波算法，防止干扰信号；5）信号在传输过程中采用的网络采用VSS冗余构架；6）循环电源泵变频电源采用主从冗余设计	通过信号综合试验、电气系统匹配试验、芯一级动力系统试车试验以及发射场合练任务的考核	

续表

序号	时序代号	时序简述	参与系统（系统内部动作命名）	输入对输入信号特性要求	系统动作输出及动作时间精度/ms	输出	可靠性措施	试验验证	备注
6			系统名称：ZY（增压输送）	系统：KZ（控制系统）；插头（连接器）代（型）号：HBDJ1和HBDJ2连接器；节点号：1、2、3、4点号对应A、B、C、O相	系统动作简述：循环泵输出电机断电，电机停止运动动力，由于惯性，循环泵将会继续转动，估计在5 s内停止工作。两根预冷输送管长度为1.7 m，内径50 mm，预冷回流管通路，长度为1.1 m，内径80 mm	无		靶场合练，动力系统试车	
			系统名称：DLCK（动力测控系统）	系统：KZ（箭上控制系统）；插头（连接器）代（型）号：DKD3；节点号：8、9/14、13点	系统动作简述：继电器控制系统发送过来的点火信号，驱动继电器机柜1内继电器，分配点火1，点火2和点火3（延时最大为10 ms），继电器机柜1收到时点火1信号，继电器1触点接通（最大延时10 ms），发出"芯一级发控气瓶充气电磁阀"信号。响应时间：最大为20 ms	系统：KZ（动力测控系统）；插头（连接器）代（型）号：DKD1；节点号：54、55			
7	DH110.1FP ↓ 芯一级发控气瓶充气电磁阀		系统名称：KZ（控制系统）	系统：DLCK（动力测控系统）；插头（连接器）代（型）号：DKD1；节点号：54、55	1) 系统动作简述：DKD1→TB2→DZH2→1KF01；2)系统响应时间：20 ms	系统：YF-77（YF-77发动机）；插头（连接器）代（型）号：1KF01；节点号：正 14、15，负 47、48	控制电缆双点双线，输出继电器三取二	综合试验匹配试验	控制系统无点火后的1FP动作
			系统名称：YF-77 22#电磁阀	系统：KZ（控制系统）；插头（连接器）代（型）号：控制2#控制电缆（1KF01）插座；节点号：正端14、15，负端47、48	系统动作简述：2#控制电缆1KF01接收关闭电信号动作后，发控气瓶充气电磁阀（22#）关闭，停止气源通过电磁阀给发；地面气源通过电磁阀充气瓶充气；系统响应时间：50 ms	无		地面动力系统试车及合练验证	

续表

序号	时序代号	时序简述	参与系统（系统内部动作命名）	输入（对输入信号特性要求）	系统动作输出及动作时间精度/ms	输出	可靠性措施	试验验证	备注
8	DH110.1CP↓	芯一级吹除气瓶充气电磁阀	系统:DLCK（动力测控系统）	系统:KZ（箭上控制系统）；插头（连接器）代（型）号:DKD3；节点号:8,9/14,13点	1）系统动作简述:继电器机柜1收到点火信号,驱动整箭控制系统发送过来的点火信号,驱动继电器机柜1内继电器动作,分为点火1,点火2和点火3（延时最大为10 ms）,继电器机柜1收到点火1信号,继电器触点接通（最大延时10 ms）,发出"芯一级吹除气瓶充气电磁阀"信号。2）响应时间:最大为20 ms	系统 KZ（动力测控系统）；插头（连接器）代（型）号:DKD1；节点号:56,57			
			系统名称:KZ（控制系统）	系统:DLCK（动力测控系统）；插头（连接器）代（型）号:DKD1；节点号:56,57	1）系统动作简述:DKD1→TB2→DZH2→1KF01；2）系统响应时间:20 ms	系统:YF-77(YF-77发动机）；插头（连接器）代（型）号:1KF01；节点号:正15、17；负50,49	控制电缆双线、输出继电器三取二	综合试验匹配试验	控制系统无点火后的1CP动作
			系统名称:YF-77 23＃电磁阀	系统:KZ（控制系统）；插头（连接器）代（型）号:控制2＃控制电缆(1KF01)插座；节点号:正端:16,17,负端:49,50	系统动作1KF01接收关闭电信号动作,吹瓶除气瓶充气电磁阀(23＃)关闭,停止地面气源通过电磁阀给气瓶充气；系统响应时间:50 ms			地面,动力系统试车及合练验证	

续表

序号	时序代号	时序简述	参与系统（系统内部动作命名）	输入（对输入信号特性要求）	系统动作输出及动作时间精度/ms	输出	可靠性措施	试验验证	备注
9	DH110.PQDH↑	排氢燃烧通电系统动作	系统名称：FSZC（发射支持）	系统：KZ（控制系统）；插头（连接器）代（型）号：DKBG(J599/20 KG41PN)；节点号：第 6,7 点与第 16,15 点	系统动作简述：发射支持远控系统前端远控转接盒（85.CH09-1/2-30）通过电缆（一端插头为 DKBG）接收到控制系统点火信号，即该点火电缆通的第 6,7 点与第 16,15 点导通，通过转接盒内部继电器连接（<20 ms），再经输出电缆（85.CH09-3/1-690）传输到液连接器及排氢燃烧控制系统继电器柜（HTFK CK1403），再转接至 PLC 机柜子站 PLC11-A4 以及子站 PLC21-A4 模板的第 28 引脚，气液连接器前端控制 PLC 主控软件采集信号后经 10 ms 滤波，触发排氢点火动作（<15 ms），控制子站 PLC13-A19，子站 PLC23-A19 模板的第 2,3,4,5,7,8,9,10,12,13,14,15 的引脚输出高电平，控制继电器吸合（<20 ms），并经过气液连接器控制系统继电器机柜 XDH1~8 插座，经电缆传输到点火装置上的点火器，触发点火，进而引燃药柱，喷出高温粒子流（从点火器受到稳定电流激发开始，到稳定建立稳定的粒子流，<800 ms）	排氢燃烧点火装置喷出高温粒子流	1）硬件冗余设计；2）软件自动控制，单点手动备份；3）软件强制点火	1）通过了靶场装调试验；2）通过了合练验证；3）软件通过了第三方测评	

续表

序号	时序代号	时序简述	参与系统（系统内部动作命名）	系统名称	输入（对输入信号特性要求）	系统动作简述及动作时间精度/ms	输出	可靠性措施	试验验证	备注
10	DH110.1JPS	发射支持系统一级喷水	FSZC（发射支持）	系统名称：FSZC（发射支持）	系统：KZ（控制系统）；插头（连接器）代（型）号：DKBG（J599/20 KG41PN）；节点号：第 6、7 点与第 16,15 点	系统动作简述：发射支持远控系统前端远控转接盒（85. CH09 – 1/2 – 30）通过电缆（一端插头为 DKBG）接收到控制系统点火信号，即该电缆的第 6、7 点与第 16,15 点导通，通过转接盒内部继电器（< 20 ms），再经输出电缆传输到喷水控制机柜（85. GA05 – 1/41 – 0），喷水控制该信号后主控软件采集到该信号，经过 2 s 滤波、触发一级喷水动作，打开控制气动蝶阀的电磁阀	一级喷水	1）硬件冗余设计；2）软件自动控制、单点手动备份	1）通过了调靶场装试验；2）通过了合练验证；3）软件通过了第三方测评	

第 5 章　发展展望

本章对基于时序动作分析和确认的技术风险管理方法，从技术的先进性、拓展性等角度进行总结与展望。同时，从工程应用角度，对如何在上面级发射飞行、航母舰载机起飞与着舰等以"精确时序动作和全系统精密配合"为鲜明特征、技术本质上蕴含高风险的类似工程系统和领域，推广应用本技术进行展望。

5.1　特点与意义

基于时序动作分析和确认的技术风险管理方法，是一种全时域、全空域、全系统、全过程的综合集成分析方法，是针对复杂动态、紧耦合任务系统的定性与定量相结合的风险分析评估方法，是进行型号设计闭环和风险控制的有效手段。该技术方法的突出特点是"瞬变"与"精细"，针对以时序动作为主线的复杂动态系统，面向飞行任务全过程，以每一个瞬变的飞行时序动作为牵引，对每个动作或影响成败的关键环节建立覆盖"输入条件、输出结果、设计指标及满足情况、设计余量、可靠性措施、环境及相关影响、试验验证或仿真计算分析情况"等全过程、全要素的精细化的系统分析与闭环推演模型，从而能够对系统设计与实现的符合性、接口参数的协调性、环境及其影响的适应性进行全面的分析，确保系统设计的匹配协调。通过这种多方位、多阶段、多层次、多视角的分析确认，形成了从动作要求、动作实现到动作执行的完整闭合的推演分析结论，能够有效发现潜藏的风险和隐患，为大型复杂装备等系统论证与研制提供必要的质量风险决策支持，是对大型项目风险管理与航天工程实践的创新性贡献。

5.2　技术展望

目前，基于时序动作分析和确认的技术风险管理方法是一种以定性分析为主、定量分析支撑的综合技术，该方法在量化分析手段、数据融合措施、风险结果输出方法还有待完善。体现在：

1）以风险定性建模为主，在描述风险模型的多态性、相关性、动态性等方面存在不足；

2）对于各类地面试验数据、仿真数据、飞行数据的融合利用还有待加强，以便给出带有不确定度的风险评估结论，支撑总体风险判断；

3）风险分析结果输出上，无法得出风险排序，在资源有限的情况下，难以对风险优化决策和权衡分析提供量化支持。

在风险分析评估领域，概率风险评估（PRA）技术是当前国际上流行的一种风险量化评估方法。它综合运用事件树、故障树等方法构建出风险事件链模型，集成工程各类定性和定量信息（如试验数据、现场数据、专家判断等）进行模型量化与不确定性分析，从而合理地预测系统的风险水平，分析影响风险的关键因素，为复杂系统寿命周期内的风险管理提供决策支持。在过去的三十年中，作为识别和分析复杂系统风险的主要方法，概率风险评价在风险管理中的作用已被航空航天、核能、电力、石油化工和国防等许多工业实践所证实。然而，PRA 对瞬变动态过程的建模和数据分析上还存在明显缺陷，在处理"瞬变任务风险"时显得力不从心。

从技术可扩展性看，"基于时序动作分析和确认的技术风险管理方法"与"PRA 技术"能够完美结合，实现"基于时序动作的瞬变风险分析"与"基于事件链的渐变风险分析"的有机融合。可以说，基于时序动作分析和确认的技术风险管理方法的发展离不开 PRA 技术，而 PRA 技术的进一步发展也完全可以借鉴基于时序动作分析和确认的思路和途径，两者相辅相成，互相取长补短，将为面向任务过程的复杂动态系统风险分析与评估提供一条崭新的技术途径。

5.2.1　PRA 技术及应用简介

5.2.1.1　PRA 技术的特点和作用

PRA 技术作为典型的系统性的定量风险评估方法，可以定量评估航天器的安全风险和任务风险，识别系统、分系统和设备的薄弱环节，为设计方案优化权衡、可靠性安全性关键项目确定、风险控制策略制定及风险跟踪提供量化依据和决策支持。PRA 技术的总体实施流程包括"定义目标和范围、熟悉系统、识别初因事件、事件链建模、故障建模、数据收集与分析、模型量化与集成、不确定性分析、结果分析与重要度排序"等九个步骤，如图 5-1 所示。

PRA 技术在研制和使用等不同阶段的作用见表 5-1。

表 5-1　PRA 技术在研制和使用不同阶段的作用

阶段	实施作用
方案阶段	评估各设计方案的风险，进行方案权衡；识别主要的风险因素，提出降低风险的设计改进措施
初样阶段	综合利用仿真数据、部分试验数据和专家判断数据，评估产品的安全风险和任务风险，及其对安全性和可靠性要求的满足程度；识别风险因素，提出降低风险的措施
正样阶段	主要利用试验数据，并结合其他数据来评估产品的安全风险和任务风险，判别产品技术状态是否满足可靠性和安全性要求，支持发射、部署等工程决策
使用阶段	利用使用过程的观测数据进行风险计算和自动风险监控；评估常规或应急的操作、维修程序对安全风险和任务风险的影响，提出降低风险的操作或维修策略；评估不同的技术升级方案的风险，提出风险最小、效益最高的技术升级方案

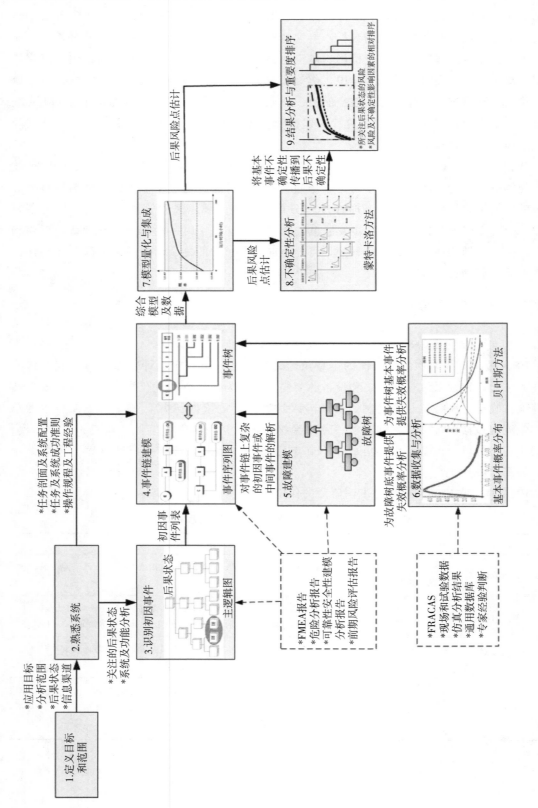

图 5 - 1　PRA 技术总体流程图

5.2.1.2　PRA 技术的应用情况

（1）国外现状

美国国家航空航天局（NASA）的安全性和任务成功政策指令性文件（NPD 8700.1）中明确了实施风险量化评估的要求，规定在项目开发、试验和运行中必须使用 PRA 技术。NASA 在航天飞机、国际空间站、探月飞船、火星探测器、对地观测卫星等多个项目中成功实施了 PRA 技术，有力地支持了连续风险管理活动，可在风险、设计改进和费用之间进行有效的权衡。通过实施风险量化评估，NASA 在不增加航天系统安全风险和任务风险的前提下，节省了近 44% 的资源。

国外在航天飞机、X-37、探月飞船、国际空间站、火星探测器等多个项目中开展了风险量化评估应用。

①航天飞机风险量化评估应用

NASA 的航天飞机风险量化评估工作相当全面和深入。在最新的 NASA 航天飞机 PRA 模型中，包含了 5 000 余棵事件树、100 余棵故障树、6 000 多个基本事件、2 000 000 个最小割集、100 多个离线的支持模型，整个 PRA 报告达数千页之多。报告得出的可造成"机毁人亡（LOCV）"事故的排名前 5 位的风险诱因见表 5-2。

表 5-2　航天飞机中导致 LOCV 的前 5 位的风险诱因

事件链排序	导致 LOCV 的风险诱因
1	两个主起落架疲劳失效
2	没有在正确时刻人为放下起落架
3	热系统（含 624 块隔热瓦）中部右前边缘损坏
4	主推进系统氦气贮箱在轨运行时压力下降
5	主推进系统液氢泄漏

②X-37 风险量化评估应用

X-37 项目任务风险的量化分析工作，首先进行系统可靠性设计分析工作，将定量的系统可靠性要求转化为满足任务成功概率（POMS）和故障容错要求的设计规范。根据设计规范进行系统可靠性设计，并通过失效模式影响及危害度分析（FMECA），确定影响飞行试验任务成功关键风险因素。然后，结合可靠性分析结果进行任务风险的量化分析。建立了主要分系统和单机风险的蒙特卡洛仿真模型。综合考虑飞行试验环境及飞行器系统冗余设计、故障容错以及任务严酷程度等信息，建立任务剖面内不同任务阶段（发射、在轨和再入）系统组成单元风险模型，在 PRA 技术体系下，通过风险事件链建模，综合形成飞行器系统飞行试验任务风险模型。结合分析得到的主要分系统和单机风险分析结果，进行任务成功概率、飞行和降落事故导致的预期伤亡率和财产损失概率，以及整个任务期间或不同任务阶段任务成功概率（POMS）、任务失败（LOM）以及飞行器损失（LOV）等关键风险事件的定量分析计算。

③探月飞船风险量化评估应用

NASA 在"方案阶段"实施载人探月飞船（CEV）"面向多任务阶段"的风险量化评估，如图 5-2 所示。通过完整的事件链模型及不确定性分析，评估出各种不同后果［机毁人亡（LOC）或任务失败 LOM）］的发生概率及不确定性。发生 LOC 的总的概率（均值）是 0.017，其不确定性为 5％ 置信度下 $4.6×10^{-5}$，95％ 置信度下 0.071；发生 LOM 的总的概率（均值）是 0.12，其不确定性为 5％ 置信度下 $4.6×10^{-5}$，95％ 置信度下 0.48。PRA 分析表明导致 LOC 发生在第 4、第 5 和第 8 阶段风险最大，各占 30％。而导致 LOM 发生在第 5 阶段的风险比率是 35％，第 1 阶段为 34％，第 2 阶段为 21％。分析还能够识别出系统的可靠性、安全性关键项目（薄弱环节）。例如，识别出造成"任务失败" LOM 的最主要影响因素是：在第 5 阶段（月面工作段）发生意外故障而航天员未能及时修复（$P=3.5×10^{-2}$）。NASA 还利用 PRA 进行"方案阶段"的设计方案权衡，例如通过在主动热控系统（ATCS）和电源系统的冗余设计上进行基于风险的方案比较，找出了最优的设计方案。

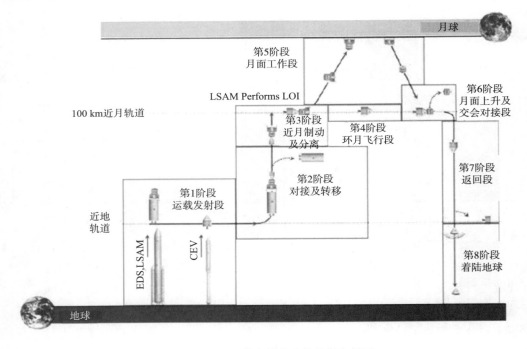

图 5-2　NASA 载人探月飞船的任务剖面

④国际空间站风险量化评估应用

国际空间站（ISS）项目使用 PRA 来评估对风险有影响的因素，并确定其对 ISS 设计、运行、升级、重构等方面所产生的影响，为项目管理者提供有效的决策支持。ISS 的 PRA 分析的后果状态分为关键的后果状态和非关键的后果状态。其中，关键的后果状态包括：损失空间站，人员伤亡，需要撤离的情形。非关键的后果状态包括：关键系统失效（不导致致命事故），舱段失效，飞行器与空间站的碰撞等。空间站 PRA 的事件链建模采用大事件树小故障树的方法，广泛利用主逻辑图来识别事件链的初因事件。而其数据分析强调不确定性分析技术，特别是贝叶斯分析和蒙特卡洛仿真分析的应用。图 5-3 是国际空间站某个阀门的失效率的数据分析过程。利用 PRA 评估结果，工程人员进行了多项风险决策研究，涉及空间站的设计、构建、运行、维修、升级等方面。

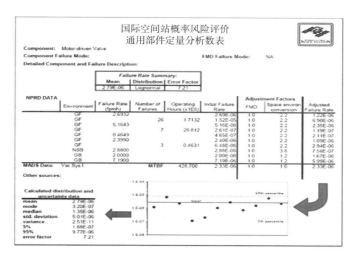

图 5-3 国际空间站的数据分析

⑤火星探测器风险量化评估应用

NASA 的火星探测器 PRA 限定在最后的任务阶段，即"接近、再入、下降、登陆及前期陆面探索"阶段。其后果状态定义为：LOV，表示损失探测器；LOM，表示探测器在火星表面展开，但不能进行科学探测活动；SUR-LX，表示探测器成功展开并进行探测，但 X 波段失效；SUR-LU，表示成功展开并进行探测，但 UHF 失效；SUR，表示成功展开并顺利完成所有探测任务。由于在火星探测器方案阶段就应用了 PRA，因此能够利用 PRA 对设计改进方案进行量化评估和选优。经过 PRA 分析，决定采取若干硬件改进措施以降低任务风险，这些措施包括：增大着陆器电池能量或降低电池负荷；对发动机控制面板进行冗余备份等。此外，经 PRA 分析证明 TIRS 系统实际上会增加任务风险，因为存在若干 TIRS 无法克服的环境条件，这些条件限制了 TIRS 的降低风险的能力。而且，TIRS 增加了探测器的质量，增大了登陆时的风险。PRA 评估了去掉 TIRS 系统对整个任务风险的影响，依据评估结果建议去掉 TIRS 系统。最终，该建议得到工程人员的采纳。

（2）国内现状

我国航天领域对风险量化评估技术的研究和应用是以载人航天工程研制为引导的。结合我国载人航天工程研制需求，为保证载人飞行任务成功和航天员安全返回，中国航天科技集团公司、中国科学院等单位进一步开展了 PRA 技术的应用工作。其中较为完整的应用是 1998 年由中国航天科技集团公司、中国科学院等单位组成项目组、以运载火箭的故障检测处理分系统为对象进行的 PRA 分析工作。该项目探索了以故障树分析为主进行故障概率计算和比较分析的技术途径，通过对故障检测处理分系统进行建模和分析，得出了具体的 PRA 结果。2005 年，我国首次载人航天飞行任务前，中国航天科技集团公司，按照发射、在轨运行和返回着陆三个阶段开展了针对"船毁人亡"（LOCV）事故的 PRA 工作，建立了以故障树为主题的 PRA 模型，验证了载人飞船的安全性指标要求。

2009 年，中国航天科技集团公司开展"空间对接机构分系统可靠性研究"的项目研究，该项目为载人航天工程关键技术攻关项目之一。该项目评估出了交会对接任务可靠性，找出了系统的薄弱环节，并提出有针对性的风险防控措施。目前，PRA 技术已推广应用于天宫空间实验室、嫦娥月球探测器、二代导航上面级与星间链路、高分卫星等型号的风险量化评估与控制中，并取得实效。

5.2.1.3　PRA 技术的局限性

PRA 的局限性主要在于其技术上比较复杂，要完全描述复杂系统的所有事件链，并进行量化评估，工作量巨大。因此，需要充分利用飞行时序分析、飞行事件保证链、FMEA 等定性手段作为其有效补充和输入指导。更重要的是，PRA 一般只适用于分析渐变过程的风险，也就是其针对的任务过程通常可划分为清晰的任务阶段与对应的事件。对于瞬时变化的微观动态场景，PRA 的主要技术——事件树和故障树——作为风险分析手段就显得过于粗糙，难以捕捉到真正的风险点，亟待寻求与适合微观、瞬变过程的风险分析技术的有机结合。

5.2.2　"渐变风险分析"与"瞬变风险分析"技术的有机融合

（1）系统分析层面的结合

PRA 与基于时序动作分析和确认的技术风险管理方法是基本一致的，需要确定出应用目标、分析的深度和广度、所关注的后果状态，以及所需的信息来源，同时全面梳理所要分析的系统，包括任务剖面及系统配置、任务及系统成功准则、操作规程及工程经验等。在系统功能分析的基础上，针对所关注的后果状态，利用主逻辑图和 FMEA 等方法识别初因事件，并进行整理分类，得出初因事件列表。

（2）建模方法的融合

在"事件链建模"和"故障建模"两个步骤中，可以借助特定的模型方法，实现"快变风险"与"渐变风险"的有机结合。换言之，PRA 可以胜任"时段—事件"的风险分析，"基于时序动作的分析确认方法"能够完成"时序—动作"的瞬变风险分析。为实现优势互补，具体途径是：针对每一初因事件，在考虑后续事件发生的先后次序，以及后果状态的多样性的情况下，利用事件序列图或等价的事件树，构建出事件链模型。对于事件链上复杂的初因事件或中间事件（包含多个时序动作）的故障（失效），需要进一步建模。在传统 PRA 方法中，故障建模通常采用故障树方法，也可采用可靠性框图、马尔科夫链、物理模型等其他方法，但这些方法的不足之处是只能处理逻辑关系，对信息动态流转过程特别是瞬变过程描述能力不足，这就需要引入"潜在电路分析"、Petri 网等适合描述快变风险的模型和技术手段，如图 5-4 所示，从而既能够有效评估特定时序下各动作的瞬变风险，又能够评估宏观层面各任务阶段及其相关事件的风险。

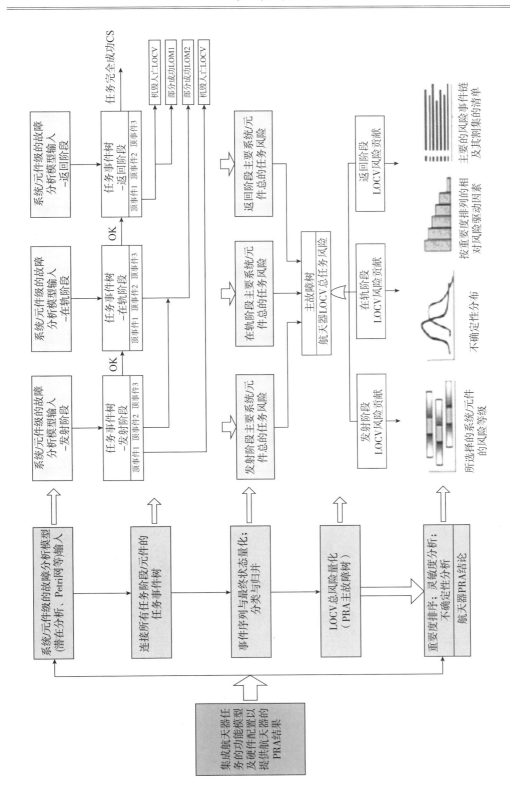

图 5 - 4　PRA 与基于时序动作分析相结合的模型框架

（3）数据分析技术的融合

在"数据收集与分析""不确定性分析""结果分析与重要度排序"等方面，需要为故障树底事件或事件链基本事件，提供故障（失效）概率分布，并充分利用 FRACAS、现场和试验数据、仿真分析数据、通用数据库、专家判断等数据和信息。在以上模型和数据的基础上进行综合，得到对后果风险的点估计值。利用蒙特卡洛仿真等方法，将基本事件的不确定性传播为后果的不确定性，并进行灵敏度分析。最后，以适当的方式（如图表形式）表达评估结果，包括所关注的后果状态的风险，以及风险影响因素与不确定性影响因素的重要度排序等。根据这些评估结果，可以进行基于风险的工程决策和方案权衡。

5.3　应用前景

基于时序分析与确认的技术风险管理，特别适用于系统结构和功能复杂、任务成功和安全性严重依赖精确的时域空域配合、快速变化的任务过程。其对设计中的技术风险采取了分类进行识别的方法，即时域风险、空域风险、技术状态差异的风险、影响域的风险、环境适应性的风险、设计裕度的风险。在具体的风险识别过程中，又采取按时段—事件—时序—动作的顺序逐步细化、识别各类风险的方法。

本书提出的基于时序动作分析和确认的风险识别和管理方法，诞生于导弹武器和运载火箭领域。目前，在导弹武器和运载火箭基础级发射上，已取得了成功的应用，针对"射前准备、点火、起飞、各子级飞行和分离、抛整流罩、星箭分离"等多个飞行时段，每个飞行时段包含的时序指令和动作，以及相关的分系统和单机设备、元器件/组件和软件模块的快速精准协同工作过程，建立了闭环的推演模型，实现了设计闭环和风险控制。原则上讲，该技术适用于任何具有上述明显时序要求的快速变化的动态系统。可以预期，后续将该技术与 PRA 技术相结合，实现"渐变风险分析"与"瞬变风险分析"的有机融合，将极大地拓展技术应用领域，具有更强的工程普适性，对于具有类似特征的航天和武器装备系统乃至民用工业工程领域的风险评估与控制工作将发挥重要的技术支撑作用。

5.3.1　上面级一箭多星发射任务风险评估与控制

上面级一箭多星发射，是构建全球卫星导航系统的重要手段。由于全球系统具有卫星数量多、组网要求高、响应速度快的特点，使得一箭多星发射存在发射窗口严、组网发射密度高、间隔短的任务特点，测试流程复杂，保障技术难度大，事故后果影响严重，存在较高风险。从国内外卫星导航系统研制建设实际来看，一箭多星上面级直接入轨发射失败案例时有发生。例如，近年来俄罗斯的质子－M 运载火箭（搭配 Block DM 上面级）一箭三星连续两次发射失败，导致星箭俱毁，严重影响了 GLONASS 导航星座的完整性和服务性能，也对俄罗斯航天工业造成了巨大损失。2014 年 8 月，伽利略导航系统的第 5 颗和第 6 颗卫星被装有弗雷盖特上面级的俄罗斯"联盟号"运载火箭发射至错误轨道，严重影响了伽利略导航系统的全球组网进度。

为保障一箭双星直接入轨发射任务成功，迫切需要有效实施风险量化评估与控制工作，构建工程总体层面的任务风险顶层模型，融合试验卫星工程阶段各系统的试验数据、仿真数据、历史数据和型号经验等信息，充分识别任务过程的潜在风险，量化评估一箭一星/双星首飞任务的可靠性，利用重要度排序等量化手段来确定薄弱环节和关键项目，为采取风险消除或降低措施提供量化依据，从而提出有针对性的风险防控措施，有效降低和控制任务风险，使风险评估与控制工作更加系统、规范、有效，为工程总体风险决策提供量化依据和技术支持。

基于时序动作分析的技术与 PRA 技术有机结合，能够很好地处理上面级发射飞行任务过程的微观和宏观分析问题。下面简要介绍其实施技术途径。

首先，根据上面级的任务剖面，可以构建出如图 5-5 所示的事件链模型。针对事件链上的中间事件，通常选择故障树进行进一步的建模分析。例如，针对"弹道重规划"与"双星分离失败"等事件构建出故障树，如图 5-6、图 5-7 所示。

在数据分析中，依据的可靠性数据涉及不同层次，主要分为两类：一是单机级各功能事件的试验数据（如低冲装置的低温解锁试验数据）和仿真数据（如不同工况下分离速度/距离的仿真等）；二是本次未作可靠性试验但借鉴历史成熟单机产品的试验数据（如非电传爆系统中各单机的传爆可靠性数据等）。进一步将这些基本事件划分为时序控制指令类、借用成熟产品类和试验仿真验证类等三类基本事件。对于控制系统误发、未发分离指令、未发断电指令等底事件，PRA 技术在这里难以继续详细分析，通常认为这些基本事件都是小概率事件（如对发生概率统一取 10^{-6}）。借助基于时序动作分析的一些微观层面的技术，如潜在电路分析，能够更为准确地估计出这些事件发生的概率，更好地查找薄弱环节。

最后，在综合利用事件链模型、故障树模型、潜在电路分析、蒙特卡洛仿真等技术手段的基础上，可以得到上面级一箭双星发射任务的风险评估结果，并识别出系统和产品的薄弱环节，提出相应的风险防控措施。

5.3.2　航母舰载机起飞与着舰任务风险评估与控制

航母舰载机的起飞与着舰任务（如图 5-8 所示），是关系到航母编队战斗力生成的关键环节，同时也存在着极高的风险。如何对该风险进行有效的预防与控制，是亟待解决的技术和应用难题。航母舰载机起飞或降落也都是典型的具有"复杂、瞬变、精细"特征的任务过程。基于时序动作分析与 PRA 技术相结合的技术途径，可以为解决该问题提供新思路。

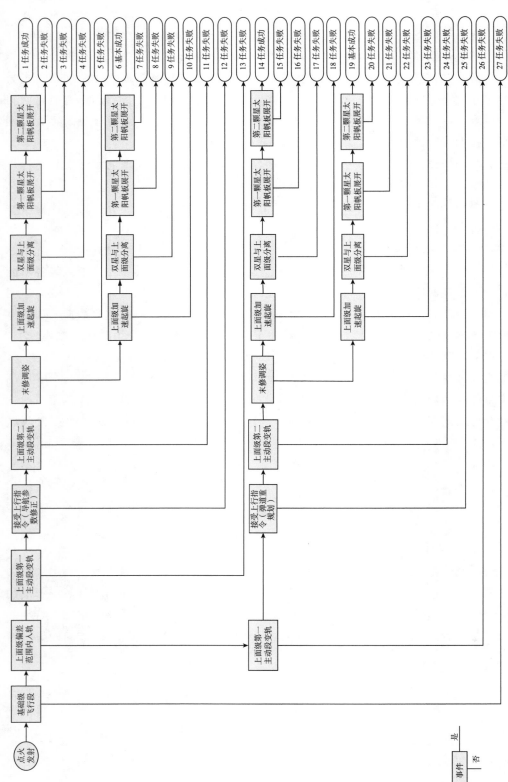

图 5 - 5　上面级—箭双星发射任务事件链模型

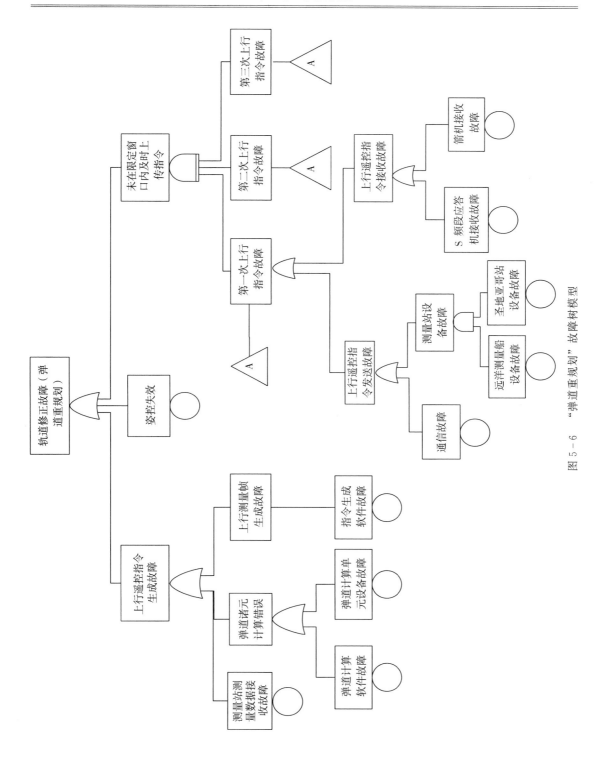

图 5-6 "弹道重规划" 故障树模型

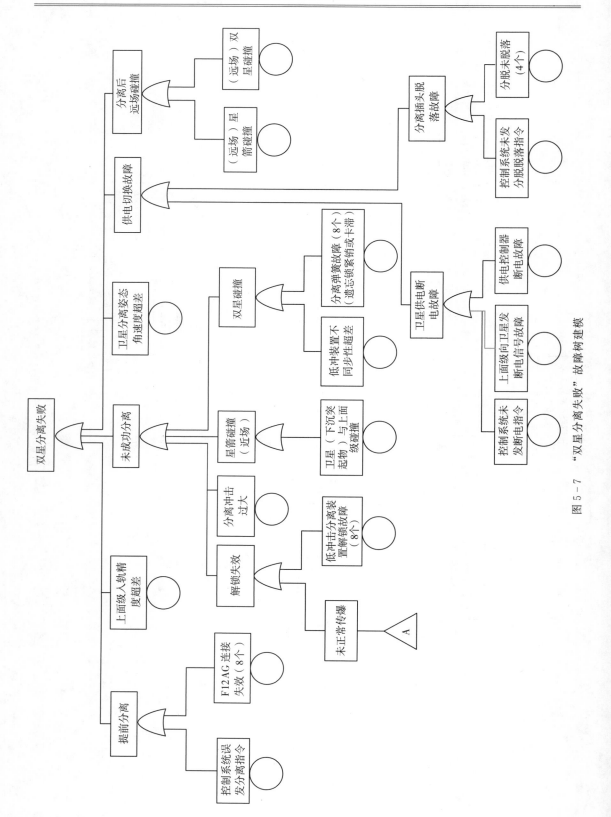

图 5-7 "双星分离失败"故障树建模

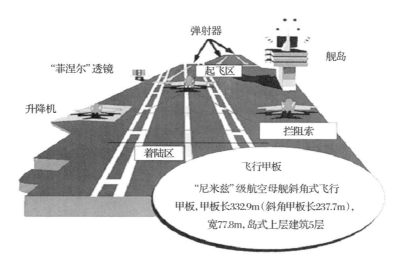

图 5 - 8　航母舰载机的起飞与着舰示意图

（1）航母舰载机起飞任务风险分析

舰载机在航母上起飞时，起降系统保障舰载机与起降系统的起飞装置有序配合，以确保舰载机在有限长度的甲板上以最短时间起飞离舰。起飞任务作业分为四个阶段：设备准备阶段、起飞待命阶段、起飞阶段、复位阶段。起降系统起飞任务剖面如图 5 - 9 所示。

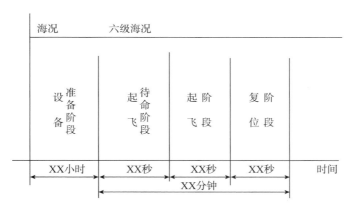

图 5 - 9　起降系统一个起飞位的起飞任务剖面

在舰载机起飞作业任务中，主要包括加油、挂弹等起飞准备，偏流板、止动器等设备启动，舰载机就位，弹射装置启动，设备回复等步骤，如图 5 - 10 所示。

根据起飞的任务剖面分析，可以构建出对应的事件链模型。进一步针对事件链上的中间事件构建故障模型。其中，弹射装置是舰载机起飞作业中的关键设备，弹射装置失效或损坏会导致起飞任务失败，甚至可能导致舰载机损毁和人员伤亡的严重后果。在 PRA 技术中，利用主逻辑图分析法或故障树方法对弹射装置进行分析，如图 5 - 11 所示。对于"液压系统损坏""弹射机损坏"等事件，采用故障树等方法是有效的，然而对于"测控系

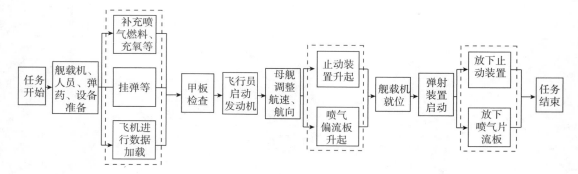

图 5-10　舰载机起飞作业任务过程

统失效"事件，由于故障树难以捕捉瞬时的动态变化，只能以逻辑关系的表达进行较为粗糙的建模，分析可信度较低。通过 Petri 网等擅长描述数据信息流的工具，能够准确捕捉瞬变过程的风险变化，给出较为客观的评价，从而有效识别薄弱环节，为设计改进和风险防控提供决策支持。

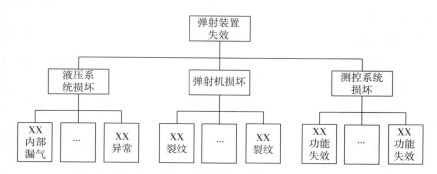

图 5-11　舰载机起飞弹射装置失效的主逻辑分析图

（2）航母舰载机着舰任务风险分析

舰载机在航母上着舰时，起降系统保障舰载机与起降系统的着舰装置有效配合，使舰载机依次在航母甲板的有限长度内安全停住。典型的舰载机着舰任务过程如图 5-12所示。

航母舰载机在运动的航母上的降落着舰过程，是一个高风险的任务过程。风险之高，难度之大，时域、空域配合的精准要求之高，被称为"刀尖上的舞蹈"。统计数据显示，从 1949 年美国海军开始大规模部署飞机到 1988 年，美国海军和海军陆战队损失了近 12 000 万架飞机和 8 000 多名飞行员。

从空域来看，战机以几百千米的时速，必须精确降落在甲板上 4 根拦阻索之间，每根拦阻索间隔十余米，有效着陆区域只有几十米。由于风和舰尾气流的存在，航母经常出现持续的纵横摇动和上下浮沉，同时舰载机的降落轨迹、上升角对降落过程空间的约束也只能用"刀尖"来比喻。

从时域和空域的配合来看，舰载机着舰需要飞行员、空管员、地勤员的精准配合。首

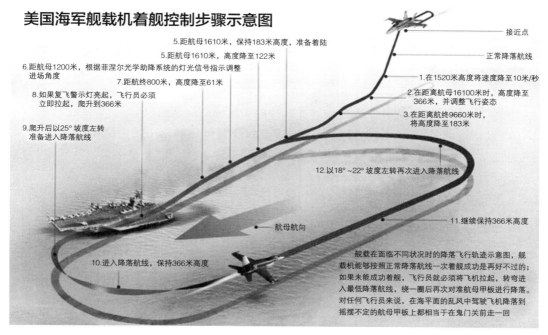

图 5-12　航母舰载机降落着舰控制步骤

先，飞行员向空管人员发送着舰请求，得到答复后，在空管人员的指挥下进入备降空域。在该空域，飞行员依空管指令在指定高度沿椭圆形飞行轨迹排队降落。战时，航母舰载机的起降间隔仅为 25 秒，所以对航母空域的划分和管理是精确以米计，事件精度精确到秒。在飞机以正确的角度进入着舰姿态后，飞行员需要通过灯光信号判断飞机的姿态。着舰角度过高或过低，都需要重新拉起复飞。飞机着舰的瞬间，飞行员要将引擎推高至最大功率，以防拦阻索捕捉不成功时，能拉起重飞。如果捕获成功，飞机在 2 秒内完全停止。地勤人员需要在 25 秒内牵引飞机离开跑道至指定区域。

上述着舰的时序和空域配合，只是从外部观察到的着舰时空域变化过程。考虑到舰载机和航母的相对运动，飞机上各种操作仪器的动作、飞行员的动作、地面拦阻索系统的动作等，其复杂和精准要求，与导弹武器系统的发射过程相比，难度一点也不逊色。

航母舰载机着舰过程的风险分析，完全可以参照本书所述的基于时序动作分析和确认的风险分析和管理方法进行。

例如，着舰过程的风险也可以从六个方面分析。

1）时域风险。可以参照如图 5-12 所示的着舰控制步骤，划分任务时段，例如巡航、接近、定角进近、光学助降、复飞、爬升、重新接近等。在所有时段中，定角进近和光学助降是时序动作最多、时空配合精度要求最高的时段，也是风险最大的时段。

2）空域风险。在战时状态下，航母舰载机群的调度和排队接近，本身就是一个大的空域约束。在降落和着舰过程中，飞机、甲板、拦阻索等构成的狭窄空域的约束更是精确到米级。

3）技术状态差异的风险。飞机导航控制、姿态控制、舰面光学助降系统甚至飞行员操作动作本身，都构成了非常复杂的技术状态。每架飞机的每次降落，其技术状态的细小差异都可能导致着舰失败的巨大风险。

4）影响域的风险。飞机和舰面系统的每一个时序动作和事件，都有不同的影响域。

5）环境适应性的风险。每一次起降，飞机的载质量、相对速度、风速、电磁环境、人为因素（飞行员、空管员、地勤员）等都构成了环境适应性的风险。

6）设计裕度的风险。着舰过程的风险涉及到舰载机与降落系统有关的所有设计方案及其裕度。在舰载机的设计中这些裕度都必须得到保证，并经过无数次试飞后确定最终的技术设计方案并定型。

如果具备必要的数据，读者完全可以采用第 2 章所述的飞行时序分析与确认表格与步骤，进行舰载机着舰过程关键时序过程的技术风险分析。此处不再赘述。

5.3.3　在其他领域的推广应用前景

（1）喷气式战机空中加油

喷气式战机从空中加油机的加油过程是一个典型的基于时序的任务过程，如图 5 - 13 所示。战场环境的复杂和恶劣、高速空中加受油过程本身的复杂性、燃油本身的危险性等，导致空中加油也是一个风险很高的任务过程，在早期加油机的研制和试验中也发生过很多事故。

图 5 - 13　喷气式战机空中加油过程

战机的空中加油一般包括加受油机的会合、对接、加油、解散四个大的时段。以加油过程为例，装在吊舱内的燃油泵将加油箱内的燃油经输油管输往受油机各油箱。加油机上的油泵开关和压力控制等都有严格的时序动作要求。加油时，受油机与加油机的高度、速度、相对位置都必须严格保持不变。在受油机燃油增加、质量增加过程中，加油机重力、重心都在动态变化，构成了复杂的时域、空域、环境、技术状态。可以参照基于时序动作的分析和确认方法，进行该过程的风险因素识别，并进而进行风险分析和控制。

（2）空间飞行器交会对接

空间交会对接是指两个航天器在空间轨道上会合并在结构上连成一个整体的技术，是实现航天站、航天飞机、太空平台和空间运输系统的空间装配、回收、补给、维修、航天员交换及营救等在轨道上服务的先决条件。它是载人航天活动的三大基本技术之一。

交会对接过程中，追踪飞行器的飞行可以分为远程导引、近程导引、最终逼近和对接停靠四个阶段，如图 5-14 所示。其中，对接、停靠、分离过程是风险较大的时段。在对接停靠段，追踪飞行器利用由摄像敏感器和接近敏感器组成的测量系统精确测量两个飞行器的距离、相对速度和姿态，同时启动小发动机进行机动，使之沿对接走廊向目标最后逼近。在对接前关闭发动机，以 0.15～0.18 m/s 的停靠速度与目标相撞，最后利用栓-锥或异体同构周边对接装置的抓手、缓冲器、传力机构和锁紧机构使两个飞行器在结构上实现硬连接，完成信息传输总线、电源线和流体管线的连接。

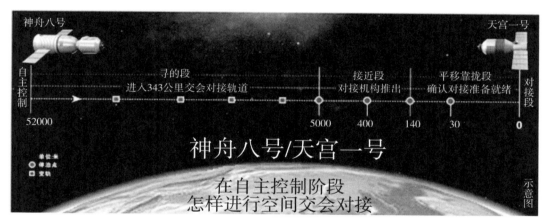

图 5-14　空间飞行器交会对接过程

上述过程中涉及的两个飞行器、对接装置都以程序控制或航天员手控的方式，按复杂而严密设计的时序动作进行操作。可以基于对每个时序动作的逐步细化分析，识别交会对接过程中的各类技术风险。

与导弹和运载火箭起飞点火、舰载机起飞降落、战斗机空中加油等时间尺度在毫秒量级的应用相比，空间飞行器交会对接属于状态变化较慢的任务过程。基于时序分析与确认的风险识别方法，能够胜任定性分析、设计确认、管理闭环的任务，在这些方面，可以有效补充基于概率定量分析的 PRA 技术。

参 考 文 献

［1］　NASA/SP‐2011‐3423 NASA Accident Precursor Analysis 2007.

［2］　Department of Defense，Defense Acquisition University，Defense System Management College. Risk Management Guide for DoD Acquisition. Defense Systems Management College Press，2nd Edition，1999.

［3］　Lewis M. Branscomb，Kenneth P. Morse，Michael J. Roberts，Darin Boville. Managing Technical Risk：Understanding Private Sector Decision Making on Early Stage Technology‐based Projects，National Institute of Standards and Technology，U. S. Department of Commerce，April 2000.

［4］　Office of Safety and Mission Assurance NASA Headquarters，Probabilistic Risk Assessment Procedures Guide for NASA Manager and Practitioners，NASA，2002.

［5］　Carter，R. L，Doherty，N. A.. Handbook of Risk Management. Kluwer‐Harrap Handbooks，London，1974.

［6］　Chapman，C.，Ward，S.. Project Risk Management：Process，Techniques and Insights ［M］. John Wiley & Sons，Inc.，Canada，1997.

［7］　美国项目管理协会. 项目管理知识体系指南. 北京：电子工业出版社，2005.

［8］　国防采办风险管理. 军用标准化中心，2000.

［9］　栾恩杰. 航天系统工程运行. 第1版. 北京：中国宇航出版社，2010.

［10］　鲁宇. 航天技术风险的管理原则. 质量与可靠性，2012（6）：19‐21.

［11］　李明华，杨双进，王立炜. 航天型号研制风险管理模式研究. 质量与可靠性，2006年增刊：484‐491.

［12］　戴维·J·谢勒. 载人航天飞行中的事故与灾难. 袁家军，郑敏，译. 北京：中国宇航出版社，2005年.

［13］　袁家军. 神舟飞船系统工程管理（第1版）. 北京：机械工业出版社，2006.

［14］　黄春平，侯光明. 载人航天运载火箭系统研制管理（第1版）. 北京：科学出版社，2007.

［15］　迪特里希·德尔纳. 失败的逻辑. 王志刚，译. 上海：上海科技教育出版社，1999.

［16］　鲁宇. 完善体系 提升能力. 中国航天报，2008.9.19

［17］　吴燕生. 技术成熟度及其评价方法（第1版）. 北京：国防工业出版社，2012.

［18］　荆泉，王立炜，杨双进，李京苑. 运载火箭单点故障模式识别与控制. 中国质量，2013（7）：33‐35.

［19］　黄春平，侯光明. 载人航天运载火箭系统研制管理. 北京：科学出版社，2007.

［20］　李福昌，等. 运载火箭工程. 北京：中国宇航出版社，2002.

［21］　朱一凡，群杨峰，雷永林，等. NASA 系统工程手册. 北京：电子工业出版社，2012.

［22］　花禄森，等. 系统工程与航天系统工程管理. 北京：中国宇航出版社，2010.

［23］　中国科学技术协会. 2012—2013 航天科学技术科学发展报告. 北京：中国科学技术出版社. 2014.

［24］　任立明. 潜在电路分析技术与应用. 北京：国防工业出版社，2011.

［25］ 郑恒，周海京. 概率风险评价. 北京：国防工业出版社，2011.

［26］ 冯志光. 最新美国陆军武器系统. 北京：中行出版传媒有限责任公司，2012.

［27］ 张安. 综合航空武器系统分析. 西安：西北工业大学出版社，2014.

［28］ 张相炎. 武器系统与工程导论. 北京：国防工业出版社，2014.